Ibrahim Hussein

Contribuições da agro-silvicultura e do controlo da erosão dos solos

Ibrahim Hussein

Contribuições da agro-silvicultura e do controlo da erosão dos solos

ScienciaScripts

Imprint
Any brand names and product names mentioned in this book are subject to trademark, brand or patent protection and are trademarks or registered trademarks of their respective holders. The use of brand names, product names, common names, trade names, product descriptions etc. even without a particular marking in this work is in no way to be construed to mean that such names may be regarded as unrestricted in respect of trademark and brand protection legislation and could thus be used by anyone.

Cover image: www.ingimage.com

This book is a translation from the original published under ISBN 978-620-2-06333-3.

Publisher:
Sciencia Scripts
is a trademark of
Dodo Books Indian Ocean Ltd. and OmniScriptum S.R.L publishing group

120 High Road, East Finchley, London, N2 9ED, United Kingdom
Str. Armeneasca 28/1, office 1, Chisinau MD-2012, Republic of Moldova, Europe
Printed at: see last page
ISBN: 978-620-7-77433-3

AGRADECIMENTOS

O autor gostaria de agradecer a várias instituições, professores, especialistas, familiares, amigos e outras pessoas que tornaram possível a realização deste estudo.
Em primeiro lugar, gostaria de agradecer sinceramente ao Serviço Alemão de Intercâmbio Académico (DAAD) por me ter dado a oportunidade de estudar na Alemanha e por ter facilitado a minha investigação na Tanzânia. Gostaria também de agradecer o apoio que recebi do programa de Ciências Agrícolas e Gestão de Recursos nos Trópicos e Subtrópicos (ARTS) da Universidade de Bona, sob a supervisão do Professor Mathias Becker, por me ter dado a oportunidade de concluir o meu mestrado na Alemanha. Gostaria também de agradecer à minha instituição de trabalho, o Instituto de Investigação Florestal da Tanzânia (TAFORI), por me ter permitido concluir os meus estudos na Alemanha.
Gostaria de agradecer ao meu supervisor, Professor Gunter Menz, do Departamento de Geografia da Universidade de Bona, pelo apoio que me deu. Gostaria também de agradecer ao meu segundo supervisor, Dr. Till Stellmacher, da Universidade de Bona, Centro de Investigação para o Desenvolvimento (ZEF), pelo seu apoio ao meu trabalho. Os meus sinceros agradecimentos vão também para o Diretor do ARTS, Professor Mathias Becker, pela sua amabilidade e apoio que me deu durante os meus estudos na Alemanha. Os meus agradecimentos vão também para o Dr. Johannes Botschek por ter presidido à defesa da minha tese. O autor gostaria também de agradecer à Administração do Distrito de Lushoto, especialmente ao Departamento de Agricultura e Segurança Alimentar, pelo apoio prestado durante a minha pesquisa de campo. Agradecimentos adicionais vão para o Sr. Lymo, o Oficial Distrital de Extensão Agrícola e um antigo perito da SECAP pelo seu apoio durante a recolha de dados.
Gostaria de agradecer aos meus colegas de trabalho, amigos, família e outras pessoas pelo seu apoio durante o meu trabalho de campo e estudos na Alemanha.
Finalmente, gostaria de agradecer às pessoas de Emao, Goka, Nkelei e Kibaoni longoi pelo seu apoio durante a minha investigação. O apoio que recebi destas pessoas foi muito importante para este estudo. Que DEUS vos abençoe.

DEDICAÇÃO

Os meus agradecimentos especiais vão para a minha família e para os meus pais, que tornaram tudo na minha vida possível.

RESUMO

A agrossilvicultura e o controlo da erosão do solo desempenham um papel importante tanto na segurança alimentar como na conservação do ambiente. Ao integrar o cultivo de árvores na produção vegetal, podemos resolver os problemas da produção agrícola insuficiente, do agravamento da escassez de madeira e da degradação ambiental. No entanto, os pequenos agricultores dos países em desenvolvimento que praticam a agrofloresta enfrentam problemas de segurança alimentar. Este estudo, realizado entre maio de 2011 e janeiro de 2012, analisa a contribuição da agrossilvicultura e do controlo da erosão do solo para a segurança alimentar das famílias no distrito de Lushoto, utilizando o exemplo das aldeias em redor da floresta de Shagayu, na Tanzânia. O projeto analisa em que medida a segurança alimentar das famílias é assegurada pela aplicação de várias tecnologias agroflorestais e de controlo da erosão dos solos. Questionários estruturados, Avaliação Rural Participativa (PRA), narrativas orais, entrevistas semi-estruturadas, observação participante, levantamentos botânicos e revisão de dados secundários foram os principais métodos de recolha de dados neste estudo. Os programas informáticos Statistical Package for Social Science (SPSS) e Microsoft Excel foram utilizados para a análise de dados neste estudo.

Os resultados mostram que a agrofloresta e o controlo da erosão do solo contribuem para a segurança alimentar das famílias nas quatro aldeias visitadas no distrito de Lushoto. Como a agricultura é a atividade económica mais importante, este estudo mostra que as três estações chuvosas (Vuli, Masika e Mluati) são os determinantes mais importantes do cultivo. Também têm um impacto nas refeições e abastecimentos domésticos, actividades domésticas e produção alimentar. Contudo, a análise das tendências revelou que a segurança alimentar dos agregados familiares no distrito diminuiu nos últimos 20 anos. Há uma série de razões para isso, incluindo a mudança do cultivo familiar de alimentos para o cultivo de vegetais para obter rendimentos, a seca, o declínio da fertilidade do solo nas terras altas e a falta de explorações agrícolas produtivas. Existem várias tecnologias agro-florestais na área, incluindo a plantação de limites, reservas de forragem com árvores, árvores dispersas, bancos de forragem e combinações destas tecnologias. Estas tecnologias agroflorestais garantem a segurança alimentar sustentável das famílias através do aumento da produção agrícola, da produção animal agroflorestal, dos benefícios das árvores agroflorestais e do aumento da produtividade através da conservação do solo e da água. A agrofloresta na área também tem outros benefícios, incluindo o fornecimento de serviços de madeira que ajudam a reduzir a dependência da floresta natural de Shagayu. Os serviços incluem espécies de árvores para madeira, carvão, lenha e postes.

O estudo mostrou que a desflorestação continua na floresta natural de Shagayu, apesar de as famílias praticarem a agro-florestação. Outro problema é a infertilidade do solo nas explorações das terras altas, razão pela qual a produção se concentra nas explorações das terras baixas. No entanto, muitas famílias estão em situação de insegurança alimentar e necessitam de ajuda alimentar, e a contribuição da agrossilvicultura e do controlo da erosão do solo para a segurança alimentar das famílias é fundamental para encorajar os agricultores da Tanzânia a envolverem-se em inovações agrossilvícolas para aumentar a produção agrícola e diversificar os rendimentos. Uma vez que muitas explorações agrícolas de montanha não parecem ser produtivas devido à perda de fertilidade causada pela erosão dos solos, é necessário incentivar os homens e as mulheres a aumentarem os seus esforços agroflorestais e de controlo da erosão dos solos nestas explorações de montanha. Os resultados deste estudo mostram que, embora as pessoas pratiquem a agrofloresta, a desflorestação das florestas naturais continua. Os resultados deste estudo mostram que, embora as pessoas pratiquem a agrossilvicultura, a desflorestação das florestas naturais continua. Isto deve-se ao facto de ser difícil comparar o valor de algumas espécies de árvores importantes nas florestas naturais com o das árvores plantadas para a agrossilvicultura. Por conseguinte, as árvores plantadas para a agro-silvicultura devem ser valorizadas. Alternativamente, sempre que possível, as árvores plantadas para a agro-silvicultura devem ter um valor e uma procura semelhantes aos das árvores plantadas para a silvicultura natural.

Lista de abreviaturas

ARTS Agricultural Sciences and Resources Management in the Tropics And Sub Tropics

DAAD Germany Academic Exchange Service

FAO Food and Agriculture Organization

FBD Forestry and Beekeeping Division

GIS Geographical Information System

GIZ Deutsche Gesellschaft für Internationale Zusammenarbeit

Gtz Deutsche Gesellschaft für Technische Zusammenarbeit

Ha Hectares

ICRAF International Centre for Research on Agriculture and Forestry

MNRT Ministry of Natural Resources and Tourism

PFM Participatory Forest Management

SECAP Soil Erosion Control and Agroforestry Project

SSA Sub Saharan Africa

SPSS Statistical Packages for Social Sciences

TAFORI Tanzania Forestry Research Institute

TIRDEP Tanga Integrated Rural Development Program

ZEF Centre for Development Research, University of Bonn.

% Percentage

CAPÍTULO 1 INTRODUÇÃO

O declínio da segurança alimentar, combinado com baixos níveis de rendimento, constitui um problema importante para os pequenos agricultores em África, em geral, e na Tanzânia, em particular. As terras agrícolas inclinadas desempenham um papel importante na produção de cereais, produtos animais e fruta. No entanto, os métodos agrícolas convencionais em terrenos inclinados conduzem a uma erosão grave do solo e, eventualmente, ao abandono dessas zonas inclinadas. O esgotamento da fertilidade do solo é a principal causa da insegurança alimentar e do baixo rendimento dos agricultores em África (ICRAF, 2000). A perda de nutrientes devido ao cultivo contínuo torna gradualmente o solo menos fértil, resultando em baixos rendimentos. A extensão das perdas de nutrientes dos solos agrícolas é enorme: em toda a África do Saara, uma média de 22 kg de N, 2,5 kg de P e 15 kg de K são perdidos anualmente. (Stoorvogel e Smaling, 1990).

A agrossilvicultura desempenha um papel importante tanto na segurança alimentar como na conservação do ambiente. Ao aumentar a qualidade, o número e a diversidade das árvores domesticadas que fornecem uma vasta gama de produtos florestais não madeireiros (PFNM), a agrossilvicultura tem o potencial de aliviar a pobreza e reduzir a desflorestação e o consumo de terras (Leakey e Simons, 1997). As inovações na investigação e desenvolvimento agroflorestais centram-se no aumento da produtividade agrícola, na segurança alimentar e na diversificação dos rendimentos para melhorar os meios de subsistência nas terras secas de África.

A paisagem de Lushoto consiste em encostas íngremes, pequenos vales, solos erodíveis com baixo teor de N, P e K e alguns remanescentes florestais. A diminuição da fertilidade dos solos obrigou a população a concentrar a atividade agrícola nos vales interiores. Outra parte da população está a invadir a floresta para abrir novas terras para a agricultura. A desflorestação grave causada pela pressão humana excessiva conduziu a uma erosão grave do solo nas montanhas ocidentais de Usambara (Johansson, 2001).

De uma perspetiva mais ampla, o problema da erosão do solo é socioeconómico, bem como ambiental e técnico. Os principais afectados são os agricultores mais pobres e existe uma ameaça potencial para a frágil economia e segurança alimentar do país (Desta, 2000). Este estudo investigou diferentes tecnologias agroflorestais e de controlo da erosão do solo na área florestal de Shagayu e a sua contribuição para a segurança alimentar das famílias através da forma como são aplicadas na produção agrícola.

CAPÍTULO 2 OBJECTIVOS DO ESTUDO

Objetivo geral

O objetivo geral é avaliar a contribuição da agrofloresta e do controlo da erosão do solo para a segurança alimentar das famílias na área de estudo.

Os objectivos específicos do estudo são

1. Investigação de várias técnicas agro-florestais e de conservação do solo utilizadas na área de estudo
2. Avaliação da situação de segurança alimentar dos agregados familiares na zona
3. Determinar a contribuição da agrofloresta para a segurança alimentar das famílias na zona
4. Identificação de outros benefícios agro-florestais na zona

ESTRUTURA DA DISSERTAÇÃO

O trabalho centra-se na contribuição da agrossilvicultura e do controlo da erosão do solo para a segurança alimentar das famílias, usando o exemplo das aldeias que fazem fronteira com a floresta natural de Shagayu no distrito de Lushoto. Para a sustentabilidade a longo prazo dos sistemas agroflorestais e da gestão de recursos, é muito importante uma avaliação da contribuição destes sistemas para os meios de subsistência da comunidade. No contexto deste objetivo, este documento é o resultado do trabalho de campo realizado na Tanzânia entre maio e julho de 2011. Este trabalho envolveu a análise de informação recolhida junto de agregados familiares da comunidade local, trabalhadores de extensão agrícola, gestores de recursos, funcionários do governo, empresários e outros peritos relacionados para chegar a conclusões concretas. Foi também analisada diversa literatura especializada, incluindo revistas, artigos e livros sobre o assunto.

De acordo com os objectivos do estudo, o trabalho começa com um inventário (revisão da literatura) onde a literatura relevante em áreas específicas é revista. A partir deste ponto, começo por rever a literatura que descreve as actividades socioeconómicas nas Montanhas de Usambara Ocidental, onde a área de estudo está localizada. A partir daqui, procedo à revisão de outra literatura sobre a segurança alimentar das famílias em geral e na Tanzânia em particular. Para o trabalho de campo e análise de dados, os materiais e métodos constituem uma parte importante desta tese. Isto inclui a descrição da área de estudo, incluindo a sua localização geográfica, características do solo, vegetação e características climáticas. Uma parte importante dos materiais e métodos inclui também o projeto de amostragem e a sua fundamentação. Além disso, são descritos os métodos de recolha de dados no terreno. Finalmente, explica-se como foi efectuada a análise dos dados para este estudo e o capítulo seguinte explica os resultados. A primeira parte dos resultados lida com o estado da segurança alimentar dos agregados familiares na área de estudo. Aspectos chave como as actividades e responsabilidades do agregado familiar, despesas do agregado familiar em alimentos e fontes de rendimento, composição das refeições, fontes de abastecimento e actividades agrícolas determinam os resultados aqui. Os próximos resultados referem-se às tecnologias agroflorestais e de controlo da erosão do solo presentes na área de estudo. Seguem-se os resultados sobre a contribuição destas tecnologias para a segurança alimentar do agregado familiar

Os resultados são seguidos de discussões em que as conclusões deste trabalho são discutidas com os resultados de outras investigações anteriores. As discussões são conduzidas nas áreas-chave do trabalho, incluindo as tecnologias de agroflorestação e de controlo da erosão do solo na área de estudo, a contribuição da agroflorestação e do controlo da erosão do solo para a segurança alimentar das famílias e outros benefícios da agroflorestação.

As conclusões apresentam os pontos de vista dos investigadores sobre este tema. Estas podem também indicar o caminho a seguir para a investigação futura e as oportunidades potenciais para gerir os recursos e melhorar os meios de subsistência das comunidades.

Por último, é apresentada uma lista de referências utilizadas neste trabalho. O reconhecimento de todos os recursos e conhecimentos que foram utilizados neste trabalho encontra-se no início da tese, e gostaria de agradecer mais uma vez a todos pelos seus contributos.

CAPÍTULO 3 REVISÃO DA LITERATURA

Actividades da economia social no oeste de Usambara

O distrito de Lushoto faz parte das montanhas de Usambara Ocidental. A principal atividade económica nas terras altas de Usambara Ocidental é a agricultura, da qual depende mais de 90 % da população (Shelukindo e Kilasi, 1993; Lyamchai *et al.*, 1998). Sabe-se que a maior parte das actividades agrícolas tem lugar em encostas íngremes e nos fundos dos vales, onde a irrigação para culturas hortícolas é o principal foco da agricultura.

A agricultura no distrito de Lushoto é típica de um sistema agrícola misto em que os agricultores praticam a agricultura de sequeiro, a irrigação tradicional nos fundos dos vales, a criação de gado e actividades não agrícolas. Entre estas actividades, a agricultura de sequeiro é a mais importante, seguida da agricultura de regadio, da criação de gado e das actividades extra-agrícolas.

A cultura mais importante é a dos legumes, enquanto as bananas, o milho e o feijão são as culturas alimentares mais importantes. Em média, um agregado familiar tem 1,4 hectares de terra para agricultura de sequeiro. A erosão do solo é um dos principais constrangimentos à produção agrícola na zona, deixando mais de um terço da bacia hidrográfica em risco muito elevado de erosão (Graaff, 1996). Os resultados do inquérito mostram que os campos mais susceptíveis à erosão são os de milho, seguidos pelos de feijão. As espécies pecuárias importantes são o gado bovino, caprino e ovino. O principal objetivo da criação de gado é a produção de carne, leite, estrume e rendimento em dinheiro. O Quadro 3 mostra que apenas quinze por cento dos criadores de gado são famílias chefiadas por mulheres. Os agricultores que vivem nas encostas superiores estão mais envolvidos na criação de gado do que os outros. Isto deve-se à sua proximidade de terras de pastagem perto da floresta. No entanto, o número médio de cabeças de gado por agregado familiar diminuiu de 10 em 1960 para 2-3 em 2000 (Lyamchai *et al.*, 1998), o que se deve à crescente escassez de terrenos de pastagem abertos.

Muitos agricultores também se dedicam a actividades não agrícolas, incluindo negócios (mini-lojas, mini-restaurantes, moinhos, etc.) e profissões técnicas (carpintaria, alvenaria, alfaiataria, ferraria, sapataria e reparação de rádios). Outras actividades incluem a extração de areia, a britagem de pedra para fins de construção e o emprego em várias instituições (instituições religiosas, propriedades, instituições governamentais e outras). As terras altas do distrito de Lushoto estão a enfrentar stress devido ao aumento da população, ao declínio das explorações agrícolas, à redução da produção agrícola e à degradação dos solos, entre outros.

De acordo com a URT (2002), estima-se que 418 652 pessoas vivem nas Terras Altas de Usambara Ocidental e a taxa de crescimento anual é de 2,8%, resultando numa densidade populacional de mais de 100 pessoas por km-2 . Esta densidade populacional faz com que as Terras Altas de Usambara Ocidental sejam uma das áreas mais densamente povoadas do país. A pressão populacional aumenta a procura de alimentos, lenha, materiais de construção e outras necessidades socioeconómicas. Para satisfazer estas necessidades socioeconómicas, as florestas foram desmatadas e a agricultura expandiu-se para áreas marginais com declives acentuados e algumas florestas naturais.

A pressão demográfica conduziu igualmente a uma fragmentação antieconómica das terras, pelo que o pousio deixou de ser possível. Os agricultores cultivam as encostas (18-60 %) limpando e queimando repetidamente a vegetação, deixando o solo nu ou com pouca cobertura vegetal. Em alguns locais, os animais pastam livremente nas encostas íngremes. Estas práticas favorecem a erosão do solo, o que conduz a uma perda de produtividade agrícola e a outros efeitos externos, como a degradação do solo. Cerca de 84% da floresta original foi perdida. A falta de terra é também um fenómeno generalizado que favorece a migração para as terras baixas e para os centros urbanos (Johansson, 2001). De acordo com a definição da tribo indígena dominante das montanhas de Usambara, as pessoas que vivem no Shambalai, ou seja, na região onde as bananeiras se desenvolvem, são os Sambaa. Nesta terra a uma altitude de 3500 pés acima do nível do mar, as bananeiras sobrevivem durante muitos anos, mesmo quando há seca. Em geral, a vida nas montanhas sempre foi mais fácil do que nas terras baixas. O nome tribal, que descreve o local onde as pessoas vivem, também caracteriza a sua agricultura e, além disso, a altitude de uma cultura (Mowo *et al.*, 2002). Algumas das populações das montanhas vivem aí desde a pré-história, remontando à Idade do Ferro. Muitos outros chegaram em tempos de fome e mudaram-

se para as montanhas do sul de Usambara. Os vários clãs Sambaa foram consolidados no século XIX pela dinastia Kilindi, que veio das planícies principalmente devido à invasão hostil dos Maasai. Os Nango e os Mbugu são os outros grupos que se deslocaram para Usambara (principalmente para as clareiras e florestas do planalto central) (Conte, 1996).
Na Tanzânia, o Banco Mundial efectuou o primeiro estudo exaustivo sobre a pobreza em 1991, que está incluído no relatório (WORLD, 2000). Este estudo baseou-se num inquérito a 1.046 agregados familiares, num universo de cerca de 4,3 milhões de agregados familiares. As principais conclusões foram as seguintes: Oito regiões (de um total de vinte) foram classificadas como tendo uma pobreza acima da média. Tanga era uma delas. Cerca de 50 por cento das pessoas foram classificadas como pobres, 36 por cento das quais não tinham meios para satisfazer as necessidades alimentares básicas. Do mesmo modo, o (WORLD, 2000) indica que as pessoas em maior risco de pobreza vivem em zonas rurais e em agregados familiares numerosos, frequentemente chefiados por mulheres, têm baixos níveis de educação e são mais susceptíveis de viver em países com uma taxa de crescimento real inferior a 5%.

Segurança alimentar dos agregados familiares

Em 2006, a Cimeira Mundial da Alimentação definiu a segurança alimentar da seguinte forma: "Todas as pessoas, em todos os momentos, têm acesso a alimentos suficientes, seguros e nutritivos para levar uma vida saudável e ativa."
Em termos gerais, o conceito de segurança alimentar assenta em três pilares: i) disponibilidade de alimentos: as pessoas dispõem constantemente de quantidades suficientes de alimentos; ii) acesso aos alimentos: as pessoas dispõem de recursos suficientes para se abastecerem de alimentos adequados para uma dieta nutritiva; iii) utilização dos alimentos: as pessoas dispõem de conhecimentos suficientes sobre nutrição e práticas de cuidados e têm acesso a água e saneamento adequados para se abastecerem de alimentos. Existe uma ligação direta e cíclica entre a pobreza e a insegurança alimentar, com a pobreza a contribuir para a insegurança alimentar, que por sua vez conduz a uma má nutrição, saúde e desenvolvimento cognitivo, que por sua vez contribuem para a pobreza. A pobreza é um grande obstáculo à segurança alimentar, uma vez que limita o acesso aos alimentos e, por conseguinte, a procura de alimentos (McCalla e Cesar, 2001).
A segurança alimentar é um tema importante no debate sobre o desenvolvimento rural e a redução da pobreza em muitos países em desenvolvimento. A ASS é a região mais pobre do mundo, onde quase metade da população vive em extrema pobreza e cujo rendimento e segurança alimentar dependem direta ou indiretamente da agricultura e dos recursos naturais. Como as pessoas pobres não têm acesso a fontes alternativas de rendimento, tendem a exigir mais dos recursos naturais - um círculo vicioso em que a deterioração dos recursos leva a uma redução dos bens das famílias, que, por sua vez, influencia a deterioração dos recursos (Paarberg, 2002).
Na Tanzânia, garantir a segurança alimentar é um grande desafio para o governo, que tem de aplicar políticas sociais e económicas para satisfazer as necessidades nutricionais das famílias. Atualmente, 22% das crianças de 5 anos têm peso a menos e 30% dos tanzanianos vivem abaixo do limiar de pobreza. Há também escassez de alimentos nalgumas partes do país devido a secas, inundações, restrições de mercado e de transporte que impedem a transferência sem problemas de alimentos das zonas excedentárias para as zonas deficitárias. No entanto, argumenta-se que não existe uma escassez global de alimentos na Tanzânia (Kavishe e Mushi, 1993), pelo que a disponibilidade de alimentos a nível nacional não se traduz em segurança alimentar para os agregados familiares ou acesso igual para todos os membros do agregado familiar. Ao nível do agregado familiar, a segurança alimentar significa que existe um fornecimento adequado de alimentos. Adequado refere-se à quantidade e qualidade, i.e. deve haver comida suficiente para satisfazer as necessidades diárias de todos os membros do agregado familiar (Mosha, 1990).
A prática generalizada de definir a segurança alimentar como o acesso aos alimentos ignora duas outras dimensões importantes da segurança alimentar - a disponibilidade e a utilização. A disponibilidade de alimentos refere-se ao fornecimento de alimentos provenientes da produção, das importações ou das existências (FAO, 1989). É evidente que o problema da insegurança

alimentar tem sido frequentemente encarado de forma muito limitada, com um enfoque unilateral na produção agrícola direta. O problema da insegurança alimentar não é apenas um problema de produção agrícola, mas engloba todos os factores que influenciam o acesso das famílias a um abastecimento alimentar adequado durante todo o ano. Na Tanzânia, por exemplo, a fome generalizada, especialmente nas regiões semi-áridas, não se deve à indisponibilidade de alimentos no mercado, mas ao poder de compra inadequado das populações rurais pobres. O poder de compra dos consumidores na Tanzânia tem vindo a diminuir ao longo dos anos. As pessoas mais afectadas são as pessoas urbanas com baixos rendimentos e as pessoas pobres das zonas rurais, que são normalmente confrontadas com um défice alimentar e que, por conseguinte, têm de comprar alimentos.
A população rural da Tanzânia é relativamente mais pobre do que os seus vizinhos urbanos. O rendimento médio per capita nas zonas rurais é 63% do rendimento nas zonas urbanas. Cerca de 85% de todas as pessoas pobres vivem em aldeias rurais. O declínio do rendimento real na agricultura, a diminuição da fertilidade da terra e as oportunidades de obter rendimentos fora da agricultura criadas pela nova política económica de liberalização conduziram a uma expansão do sector não agrícola. Há sinais de que o processo de desagrarização nas zonas rurais da Tanzânia se alargou. A desagrarização é a tendência da população rural para transferir uma parte dos seus esforços da agricultura para outras actividades não agrícolas. O trabalho assalariado rural está a tornar-se cada vez mais importante nos mercados de trabalho agrícola e não agrícola. A parte do rendimento em dinheiro não agrícola no rendimento total em dinheiro por agregado familiar aumentou de 25% em 1969 para 47% em 1983 (Bagachwa, 1994). Não há dúvida de que parte do rendimento familiar provém de produtos agroflorestais. Analisar a segurança alimentar numa dimensão mais ampla permite, portanto, determinar a contribuição potencial da agroflorestação para a segurança alimentar das famílias. Sabe-se que a maioria dos pobres rurais complementa as suas necessidades alimentares com a agroflorestação e os serviços relacionados com a floresta. No entanto, não existem estudos nem documentação clara sobre a contribuição da agroflorestação para a segurança alimentar das famílias. Este estudo é uma abordagem para avaliar o estado da segurança alimentar das famílias no distrito de Lushoto, especialmente nas aldeias à volta da Reserva Florestal de Shagayu. Isto também ajudará a determinar a contribuição da agroflorestação para a redução da desflorestação na área.

Agroflorestação e controlo da erosão dos solos

A agrossilvicultura é um termo coletivo para sistemas de utilização da terra em que plantas lenhosas perenes (árvores, arbustos, etc.) são cultivadas em combinação com plantas herbáceas (culturas, pastagens) e/ou gado num arranjo espacial, rotação, ou ambos, e em que existem interacções ecológicas e económicas entre os componentes arbóreos e não arbóreos do sistema.
A agrossilvicultura é um sistema de gestão de recursos naturais dinâmico e de base ecológica que diversifica e sustenta a produção dos pequenos agricultores através da integração de árvores em terras agrícolas e pastagens para aumentar os benefícios sociais, económicos e ambientais (Craswell *et al.*, 1998).

A conservação do solo inclui tanto o controlo da erosão como a preservação da fertilidade. Uma das consequências da erosão é a perda de profundidade do solo, que se traduz numa perda de matéria orgânica. Este facto tem um grande impacto na produção agrícola. Para encostas propensas à erosão, os sistemas agroflorestais baseados em sebes e culturas intercalares têm sido recomendados como forma de controlar a erosão do solo (Craswell *et al.*, 1998).
Aqueles que sofrem de problemas de erosão do solo são os agricultores pobres, porque podem estar mais preocupados com a produtividade a curto prazo do que com os benefícios a longo prazo da conservação do solo (Desta, 2000). A agrossilvicultura tem um potencial para controlar a erosão através da cobertura do solo pela copa das árvores e pela folhada, para além do papel das árvores como barreira de escoamento. As árvores de alto valor (por exemplo, para frutos indígenas, medicamentos, forragem e madeira de alto valor) podem ocupar certos nichos nas explorações agrícolas, deixando a terra para o cultivo de culturas básicas e geradoras de rendimento, como os legumes. As árvores também podem ser cruciais para restaurar a fertilidade

do solo, especialmente se a sua contribuição para a melhoria do solo for acompanhada por um aumento do rendimento agrícola, quer devido à redução dos custos quer ao aumento dos benefícios (Buresh e Tian, 1998).

Na agro-silvicultura, as árvores podem ser plantadas numa encosta para produzir madeira ou frutos, mas também podem proteger o solo da erosão. As árvores plantadas ou mantidas para fins forrageiros são frequentemente fixadoras de azoto e podem melhorar a disponibilidade de azoto nos solos. Do mesmo modo, as árvores que foram autorizadas a regenerar numa zona ribeirinha devido a regulamentos ambientais, para produção de lenha ou simplesmente pelo seu valor paisagístico, podem também filtrar os nutrientes da água de escoamento, retendo-os no sistema de utilização dos solos e protegendo o rio da eutrofização (Schroth e Sinclair, 2003).

De acordo com (Mercer e Miller, 1998), existem vários sistemas agroflorestais, incluindo árvores polivalentes, silvopastoris, bosques, plantas perenes mistas, árvores no campo, hortas caseiras, culturas em faixas, taungya e outros que não são sistemas específicos. Utilizando estes sistemas como exemplos de esforços de investigação agroflorestal actuais e passados, examinamos o que foi alcançado, onde se situa o lado socioeconómico da agrofloresta, que métodos são utilizados e que questões importantes são abordadas.

Muitas destas práticas provaram ser úteis; alguns sistemas agroflorestais produzem produtos intermédios e/ou finais para venda fora da exploração, enquanto outros produzem insumos para sistemas de produção agrícola. O tipo de sistema agroflorestal que é alterado, e o tipo de sistema agroflorestal em que se torna, influencia a medida em que as famílias produtoras estão direta ou imediatamente envolvidas em novos acordos de mercado - um fator relacionado com a redução da pobreza e com os impactos do crescimento. (Vost *et al.*, 1998).

A floresta de Shagayu está localizada no distrito de Lushoto, que faz parte das montanhas ocidentais de Usambara. Devido à natureza montanhosa da área, a maior parte da agricultura tem lugar nas encostas íngremes desta área. A agrossilvicultura e o controlo da erosão do solo para uma agricultura sustentável no distrito têm sido utilizados desde a década de 1980. Portanto, este estudo centra-se na contribuição da agrofloresta e do controlo da erosão do solo para a segurança alimentar das famílias, usando o exemplo das aldeias à volta de Shagayu. Existem estudos semelhantes sobre agroflorestação e controlo da erosão do solo nesta área, por exemplo, Johanson (2000) com um trabalho de investigação intitulado "Ten Million Trees Later, Land use change in the West Usambara Mountains".

Proteção florestal no distrito de Lushoto

A agroflorestação no distrito de Lushoto está diretamente ligada à conservação da floresta. A agroflorestação é uma estratégia de conservação florestal nas florestas de Usambara. Argumenta-se que uma caraterística marcante das florestas do Usambara Ocidental é que elas são apenas uma fração das florestas originais. A maior parte das florestas tropicais fechadas foram desmatadas por colonos europeus e imigrantes africanos. (Rodgers e Homewood, 1982). Este facto contribuiu para a erosão severa do solo na área. Posteriormente, foram feitos esforços para reflorestar com árvores exóticas. Oito reservas florestais do governo local e catorze reservas do governo central totalizam 112 229 hectares de florestas protegidas. Muitas das florestas são afectadas pela construção excessiva.

As florestas naturais cobrem apenas uma parte muito pequena do distrito de Lushoto. Oficialmente, estão estimadas em 28.242 hectares. Outras áreas florestais são maioritariamente plantadas com espécies exóticas, especialmente eucaliptos e coníferas como o pinheiro, bem como madeiras de lei. Todas estas florestas cobrem mais 83 987 hectares. No entanto, algumas delas já foram utilizadas. Em comparação com outras partes da Tanzânia, as áreas plantadas foram geridas e exploradas até certo ponto.

As florestas naturais da região de Usambara são hotspots de biodiversidade. O seu grande valor está relacionado com a proteção do microambiente e dos habitats e culmina na sua rica biodiversidade (Rodgers e Homewood, 1982). As florestas reciclam nutrientes e actuam como um regulador da hidrologia da área (Lundgren, 1978). Estes dois aspectos resultam num elevado grau de diferenças subtis nas diferentes partes das terras altas e baixas do distrito de Lushoto.

Ao longo da história, o distrito de Lushoto tem experimentado vários tipos de mudança de vegetação e desflorestação em diferentes alturas, sendo tanto a população local como pessoas de fora responsáveis pelas mudanças. Surgem frequentemente conflitos entre as necessidades a curto prazo das pessoas e até dos burocratas e os objectivos sustentáveis a longo prazo (Lundgren, 1978).

Nas terras altas, com a sua precipitação relativamente concentrada, grandes extensões de relevo e elevada densidade populacional, os efeitos são directos e dramáticos. Na bacia do Mlalo, por exemplo, a desflorestação para a agricultura e o pastoreio intensivo de gado aumentaram significativamente a erosão do solo. Consequentemente, a sustentabilidade destas zonas tem sido repetidamente motivo de grande preocupação para a população e para as sucessivas administrações. A desflorestação e a degradação dos solos são um problema grave. Há cerca de 30 anos que a República Federal da Alemanha e, atualmente, a República da Alemanha executam projectos de desenvolvimento em Lushoto, centrados na conservação das florestas. O programa ambiental mais importante atualmente é o programa de proteção contra a erosão dos solos e de promoção da agro-silvicultura.

A possibilidade de uma ligação entre o ambiente representado pelas florestas, vegetação, terra e água e a pobreza no Lushoto foi reconhecida há muito tempo. Em resposta, a administração alemã promulgou rapidamente legislação sobre a gestão das florestas e das bacias hidrográficas no início do século XX, depois de se ter apercebido de que o potencial agrícola do Lushoto tinha sido sobrestimado: os solos não eram tão ricos como se pensava, as secas não podiam ser excluídas, a gestão da água era importante e a degradação ambiental através da desflorestação não era simplesmente prática para uma agricultura sustentável. Basicamente, a consciência de que os recursos naturais não eram assim tão abundantes para permitir que os colonos alemães os utilizassem abundantemente.

Durante o domínio britânico (1918-1960), a natureza sensível do ambiente foi reconhecida e foram tomadas medidas de melhoria e de proteção em vários momentos. No início da década de 1930, estas medidas começaram a ser tomadas para conservar o solo, a água e a vegetação. Uma vez que os problemas eram reconhecidos de forma hesitante e até contraditória, as medidas adequadas não eram objeto de consenso. A pressão demográfica, a presença de gado, a gestão das encostas íngremes? O preâmbulo do relatório Staples sublinha a necessidade de um compromisso nos esforços de conservação:

Pouco depois da independência, em 1961, num esforço para alcançar um desenvolvimento equitativo, algumas medidas de proteção, como a proibição da invasão de áreas florestais, não foram aplicadas, as transacções de terras foram severamente restringidas e as prioridades de desenvolvimento foram transferidas para a segurança alimentar, a nacionalização das explorações agrícolas, etc.

Um dos trabalhos mais importantes de um economista agrícola sobre a pobreza nas montanhas de Usambara é o trabalho de Attems de 1968. Segundo ele, o empobrecimento nas montanhas de Usambara era uma anomalia na África Oriental. Na sua busca de uma explicação, chegou à conclusão de que a pobreza das populações das terras altas se devia a três factores: em primeiro lugar, a falta de vontade dos Shambalai de abandonarem a sua agricultura tradicional. Em segundo lugar, a falta de inovações particularmente rentáveis que os teriam levado a romper com o passado e, em terceiro lugar, o mau estado da nutrição que levou à estagnação da agricultura Shambalai (Attems, 1968).

Alguns anos mais tarde, tendo como pano de fundo as catástrofes ambientais e a fome na África Ocidental e noutros locais, iniciou-se em Lushoto, em meados da década de 1970, uma investigação sobre a eficácia do conceito de eco-desenvolvimento entre os agricultores das montanhas de Usambara (Cooksey, 1994).

Este estudo também se centrará na contribuição da agrofloresta para a redução da desflorestação no distrito de Lushoto, tendo em conta as aldeias vizinhas da floresta natural de Shagayu.

CAPÍTULO 4 MATERIAL E MÉTODOS

Área de estudo

Este estudo foi efectuado nas aldeias de Emao, Goka, Longoi e Nkelei, que rodeiam a Reserva Florestal de Shagayu no Distrito de Lushoto. Estas aldeias fazem parte do Conselho Distrital de Lushoto, na Tanzânia. São uma das aldeias que rodeiam a Floresta Natural de Shagayu. A Floresta de Shagayu, que foi designada em 1962, está sujeita a uma gestão florestal participativa (PFM).

Figura 1: Mapa da Tanzânia com o distrito de Lushoto, onde se situa a floresta de Shagayu

ooooA localização geográfica da área de estudo situa-se entre 4 25' - 4 55' S e 30 10' - 38 35' E. A floresta cobre 7.830,4 ha a uma altitude de 1.700 - 2.100 metros acima do nível do mar. Está localizada no distrito de Rangwi, que faz parte do círculo eleitoral político de Mlalo. Este estudo centra-se nas aldeias que rodeiam a Floresta Natural de Shagayu, que faziam parte do projeto de agroflorestação e controlo da erosão do solo. Quatro aldeias seleccionadas constituem a área de estudo, incluindo Nkelei, Emao, Goka, Masereka, Sunga, Kibaoni e Mpanga.

PROPRIEDADES DO SOLO

Existem dois tipos de solos: os solos ferralíticos húmicos e os ferrisóis húmicos, que se caracterizam por uma elevada lixiviação, uma baixa capacidade de troca catiónica e um baixo teor de nutrientes básicos como o cálcio, o potássio e o magnésio (Graaff, 1996).

De acordo com (Marscarenhas, 2000), os tipos de solo variam consideravelmente, mesmo a pequenas distâncias, e são complexos devido à sua natureza em cadeia. Os tipos de solo básicos incluem os solos vermelhos lateríticos nas encostas mais húmidas e mais altas, que têm uma camada superficial orgânica fina que se degrada rapidamente quando as florestas são desmatadas. Existem também os solos argilosos vermelhos férteis nos cumes das colinas, que não são lateríticos e perdem rapidamente a sua fertilidade. O quarto solo é o solo mineral argiloso cinzento e o quinto é o solo cinzento/preto, que se limita aos solos de encosta. Ambos os solos são muito férteis e, com os devidos cuidados, podem ser objeto de culturas permanentes. Respondem igualmente bem à irrigação.

VEGETAÇÕES

A vegetação pertence às florestas tropicais de alta altitude e faz parte das Montanhas do Arco Oriental com elevado valor de biodiversidade. A floresta está sob JFM e está rodeada por 13 aldeias (MNRT, 2003).Em geral, a vegetação é descrita como típica da Usambara ocidental, que é apenas uma fração das florestas originais. As florestas naturais, incluindo a Shagayu, cobrem atualmente uma parte muito pequena do distrito de Lushoto. Oficialmente, a sua área está estimada em 28.242 hectares. As restantes áreas florestais estão maioritariamente plantadas com espécies exóticas, principalmente eucaliptos e madeiras macias como o pinheiro, mas também madeiras duras. Todas estas florestas cobrem mais 83 987 hectares. No entanto, algumas delas já foram utilizadas. Em comparação com outras partes da Tanzânia, as áreas plantadas foram geridas e exploradas até certo ponto.O grande valor destas florestas está relacionado com a proteção do microambiente e dos habitats, culminando na sua rica biodiversidade (Rodgers e Homewood, 1982). As florestas reciclam nutrientes e actuam como reguladores da hidrologia da área (Lundgren, 1978).Além disso, (Marscarenhas, 2000) argumenta que o distrito de Lushoto tem experimentado diferentes tipos de mudanças de vegetação e desflorestação em diferentes momentos ao longo da história, sendo tanto a população local como os forasteiros responsáveis pelas mudanças. Isto resulta frequentemente em conflitos decorrentes das necessidades a curto prazo das pessoas e mesmo dos burocratas, em oposição aos objectivos sustentáveis a longo prazo. Nas terras altas, com a sua precipitação relativamente concentrada, grandes diferenças de altitude e elevada densidade populacional, os efeitos são imediatos e podem ser dramáticos. Nalgumas zonas de planície, a desflorestação para a agricultura e o pastoreio intensivo de gado aumentaram consideravelmente a erosão dos solos. Consequentemente, a sustentabilidade destas zonas tem sido repetidamente motivo de grande preocupação para a população e para as sucessivas administrações. A desflorestação e a degradação dos solos continuam a ser consideradas como problemas graves.

CARACTERÍSTICAS CLIMÁTICAS

Existem três estações chuvosas na área florestal de Shagayu: chuvas curtas ("Vuli") de outubro a dezembro, chuvas longas ("Masika") de março a junho e chuvas intermitentes ("Mluati") de julho a setembro. As temperaturas são também uma variável importante. Nas terras altas, podem variar entre 0 graus Celsius durante a noite e um máximo de cerca de 25 graus Celsius durante o dia.

As chuvas de curta duração representam apenas 25% da precipitação anual total e são menos fiáveis do que as chuvas de longa duração. No entanto, são mais importantes para o cultivo de culturas sazonais e anuais, como o milho e o feijão, que exigem temperaturas superiores a 20 graus Celsius. Estas temperaturas ocorrem em Usambara Ocidental de outubro a março.

Os diferentes regimes climáticos da região são determinados principalmente pela interação entre a altitude, o relevo, a temperatura e a precipitação. As flutuações espaciais e temporais da temperatura e da precipitação são consideráveis, mesmo em pequenas distâncias. A precipitação média anual é mais elevada nos picos das montanhas. Como a maior parte da precipitação provém da monção do sudoeste, as encostas meridionais das montanhas de Usambara podem receber até 2000 mm por ano. Malindi, uma estação meteorológica mais próxima da área de estudo, recebe apenas 643 mm por ano, enquanto Mlalo, a cerca de 8 km a sul, recebe cerca de 1.222 mm por ano (Cliffe, 1975). Em muitos locais nas planícies, a precipitação pode atingir os 400 mm por ano. Na parte norte da região de Usambara, as terras altas recebem a maior parte da sua humidade da monção do nordeste, que chega em novembro ou dezembro. Em Lushoto, que se encontra na sombra da escarpa sul, caem mais de 1.000 mm de chuva por ano.

Conceção da amostragem

A chave para a seleção das unidades de estudo foi a amostragem aleatória intencional e estratificada. Um processo intencional ajudou a selecionar aldeias que satisfaziam os critérios de elegibilidade para o estudo, incluindo a presença de agregados familiares que participaram no controlo da agrossilvicultura e da erosão do solo pela SECAP nas décadas de 1980, 1990 e 2000. Foram seleccionadas propositadamente quatro aldeias com base nos anos de experiência com agroflorestação, conservação florestal, dependência e distância das florestas naturais. As quatro aldeias de Goka Emao, Longoi e Nkelei são aldeias localizadas perto de florestas naturais. A seleção intencional de cada aldeia teve em conta se havia agregados familiares que praticavam técnicas de agrossilvicultura e de erosão do solo fora da proximidade da floresta. Neste caso, havia quatro aldeias, nomeadamente Emao, Nkelei, Longoi e Goka. Estão localizadas no distrito de Rangwi no distrito de Lushoto, que faz parte de Western Usambara. Para o estudo detalhado, os agregados familiares foram seleccionados através de uma amostragem aleatória simples. Em termos de intensidade de amostragem, este estudo utilizou uma intensidade de amostragem entre 5% e 15% na seleção de agregados familiares para o inquérito por questionário. A Tabela 1 mostra a intensidade de amostragem e o tamanho da amostra para cada aldeia e a amostra total para este estudo.

Quadro 1: Amostras de agregados familiares por aldeia, dimensão da amostra e intensidade da amostra na área de estudo

Village	Total No of households	Population	No of sampled households	%Sample size
Emao	381	2670	35	9
Goka	733	5137	30	4
Nkelei	489	3426	35	7
Longoi	338	2366	35	10
Total	**1,941**	**13,599**	**135**	**31**

Métodos de recolha de dados

Para este estudo, foram recolhidos dados primários e secundários. O método de recolha de dados primários consistiu em métodos sócio-antropológicos e ecológicos. Estes incluíram técnicas como a Avaliação Rural Participativa (ARP), métodos de entrevista, observação participante, um inquérito de campo para identificar as técnicas típicas de controlo da erosão do solo, bem como as árvores utilizadas para a agrossilvicultura e a situação atual da floresta. Esta combinação de técnicas ajudou a complementar os constrangimentos com uma técnica que permite o controlo cruzado e a verificação (triangulação) (Mikkelsen, 1995). Os dados secundários foram recolhidos através da revisão da informação existente.

Avaliação Rural Participativa (PRA) (discussão de grupo de foco)

Trata-se de um método exploratório que tem por objetivo dialogar com a comunidade e obter dela as informações necessárias através de métodos participativos de comunicação e análise. Um grupo de ARP é composto por 20 a 30 participantes. A fim de alcançar um equilíbrio de género, procurou-se um equilíbrio entre o número de homens e mulheres nas discussões. Neste estudo, foram utilizadas ferramentas de ARP, tais como análises de tendências para avaliar o desenvolvimento agroflorestal, discussões de grupos de foco, e classificação e pontuação para diagnosticar problemas de produção agrícola, escassez de alimentos e conservação da floresta.

Métodos de inquérito

Estas incluíram entrevistas não estruturadas (conversas casuais com os entrevistados, normalmente informadores-chave). Entrevistas semi-estruturadas (SSI) (conduzidas usando uma lista de controlo e conduzidas com informadores chave para complementar a informação recolhida através de entrevistas estruturadas e PRA), histórias orais (outra forma de SSI mas usada para recolher informação sobre tendências de uso da terra) e entrevistas estruturadas usando questionários estruturados com perguntas abertas, fechadas e tabulares também foram usadas.

Estudo de campo

Isto foi feito através da avaliação das terras agrícolas para determinar as espécies de árvores utilizadas na agrofloresta, as medidas de controlo da erosão do solo e o estado da floresta. Uma parte importante da recolha de dados para este estudo foi a inspeção no terreno de explorações agrícolas em zonas de planalto e de planície para observar a extensão e os tipos de sistemas agroflorestais e as medidas de controlo da erosão do solo.

Observação participativa/direta e recolha de dados secundários

Este método permitiu observar as coisas no local (observação direta) e recolher as informações necessárias no local.

CAPÍTULO 5 RESULTADOS

A situação da segurança alimentar dos agregados familiares

Ao avaliar o estado da segurança alimentar dos agregados familiares nesta área, as seguintes componentes chave foram analisadas criticamente neste estudo,

ACTIVIDADES E RESPONSABILIDADES DO AGREGADO FAMILIAR

Neste estudo, verificou-se que muitas das famílias de agricultores em torno das florestas de Shagayu realizam as suas actividades em conjunto, sendo os maridos, enquanto chefes de família, os principais responsáveis pelo cuidado e gestão da exploração agrícola. Os maridos decidem quais as plantas ou árvores boas a plantar, como e quando iniciar a preparação da terra, e aplicam as técnicas e práticas culturais habituais às culturas nas explorações agrícolas, especialmente nos vales interiores (popularmente conhecidos como "vidaru"). A qualidade da produção depende do tipo e do nível de cultivo efectuado pelos maridos. Por outro lado, as mulheres têm a tarefa produtiva mais importante de assegurar o abastecimento alimentar de todo o agregado familiar. Elas estão mais envolvidas na comercialização das colheitas, nomeadamente as das explorações de montanha, que se destinam essencialmente a alimentar a família, assegurando o seu sustento. É também a principal responsável pela preparação das refeições da família. Como muitas famílias ainda cozinham com lenha, as esposas são também responsáveis pela recolha de lenha na floresta ou à volta das suas quintas. Durante muitos anos, as pessoas dependeram da lenha da floresta de Shagayu.

DESPESAS DO AGREGADO FAMILIAR COM ALIMENTOS E FONTES DE RENDIMENTO

Durante o exercício de ARP, verificou-se que grande parte dos produtos produzidos pelos agregados familiares é utilizada para alimentação; mesmo o rendimento da venda de legumes e fruta é utilizado para comprar alimentos noutro local. A outra parte do rendimento gerado é utilizada para a compra de equipamento agrícola, preparação da terra, ocasiões especiais e propinas escolares. O milho representa a maior parte da produção alimentar das famílias, e como a sua produção diminuiu, as famílias têm de usar o rendimento da venda de legumes e fruta para comprar alimentos. O estudo mostra também que os preços dos géneros alimentícios mais importantes nesta região, tal como no resto do país, flutuam. Entre eles, o açúcar, cujo preço subiu de 1500 em 2010 para entre 2200 e 2600 xelins tanzanianos em 2011. A flor do milho passou de 600 em 2010 para 900 a 1200 xelins tanzanianos em 2011 e o preço do arroz situa-se atualmente entre 1200 e 1400 xelins tanzanianos. Os preços dos combustíveis, incluindo o óleo de parafina, flutuaram entre 1500 em 2010 e 2600 xelins tanzanianos em 2011.

Os produtos hortícolas e a fruta são exportados para as regiões de Dar es Saalam e Tanga. Em conversas com os intermediários, estimou-se que cerca de 13.000 sacos de legumes foram exportados da aldeia de Emao entre julho de 2010 e março de 2011. Os preços dos legumes no mercado de Dar es Salaam flutuam e são por vezes muito baixos, pelo que o dinheiro ganho pode não ser suficiente para cobrir a alimentação e outras despesas do agregado familiar. Este estudo mostra que as famílias têm outras alternativas para comprar alimentos. Alguns deles recorrem à venda dos seus bens, especialmente o gado, nomeadamente gado bovino, caprino, ovino e galinhas. Para as famílias muito pobres, a alternativa é oferecer a sua mão de obra aos vizinhos ou às aldeias vizinhas. Os homens fortes oferecem trabalho nas serrações das florestas plantadas. Alguns, incluindo mulheres, entram na floresta para recolher produtos florestais como postes, lenha e madeira para venda. Quando a escassez de alimentos se torna demasiado grave, os governos das aldeias têm de se dirigir às autoridades superiores para pedir ajuda alimentar. Por exemplo, considerando que apenas 606 dos 3014 habitantes da aldeia de Nkelei podem trabalhar na produção, calcula-se que cerca de 2000 pessoas necessitem atualmente de ajuda alimentar.

Os inquiridos na aldeia de Kibaoni descobriram que, com os recentes desenvolvimentos na produção de legumes, como couves e batatas, as famílias recebem cerca de 12.000 toneladas com os 200 milhões estimados, o que se traduz em 120.000 xelins per capita para as 17.000 pessoas que vivem numa parte da aldeia onde a produção está concentrada. O rendimento restante não é então suficiente para pagar os factores de produção da estação seguinte, tais como estrume, fertilizantes, mão de obra agrícola e pesticidas. .

Em geral, os rendimentos anuais variam entre 10.000 T.shs por agregado familiar e três a dois milhões para o mesmo ano. Num ano de colheitas fracas, as pessoas com poucos recursos podem não colher, e outras podem colher 50 a 70 por cento menos. As terras agrícolas irrigadas, especialmente nos vales interiores, são mais produtivas, produzindo mais de 15 toneladas de batatas ou tomates por ano, sendo a disponibilidade de mão de obra, a água de irrigação e o acesso a estrume de curral mais importantes para a produção do que o tamanho da exploração. No entanto, o maior agregado familiar, com várias mulheres e muitos filhos, é o que produz mais. Existem também estratégias utilizadas pelas famílias para comprar alimentos quando há escassez. Estas foram identificadas nas entrevistas dos participantes e durante o exercício de ARP.

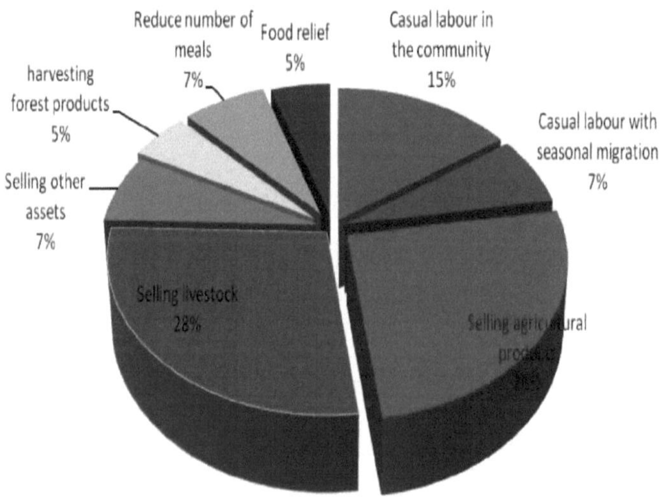

Figura 2: Respostas dos inquiridos na área de estudo sobre estratégias para comprar alimentos quando estes acabam.

COMPOSIÇÃO DAS REFEIÇÕES DOMÉSTICAS, SERVIÇOS PÚBLICOS E ACTIVIDADES AGRÍCOLAS

A maioria das pessoas que vivem nesta área são agricultores pobres, razão pela qual a agricultura é a principal atividade para a segurança alimentar das famílias. Há uma abundância de alimentos nos agregados familiares agrícolas de fevereiro a maio, durante a época das colheitas. As refeições consistem em milho, legumes e carne ou peixe. Em menor escala, os petiscos como a batata-doce cozida, a mandioca e a banana também são preferidos.

Três estações chuvosas diferentes, Mluati (agosto-setembro), Vuli (novembro-janeiro) e Masika (março-maio), são as estações de crescimento mais importantes do ano nesta área.

Também determinam a altura para a preparação do solo e a plantação. Existem também épocas para a preparação do solo, a plantação, os cuidados e a gestão das culturas e a colheita. Tanto o cultivo de masika como o de vuli asseguram o fornecimento de forragem para o gado, especialmente para o gado bovino, caprino, ovino e galinhas. O gado é uma componente importante da segurança alimentar do agregado familiar, pois também pode ser vendido para gerar rendimentos adicionais para comprar alimentos. Por conseguinte, os agricultores consideram necessário cultivar gramíneas forrageiras e árvores para fornecer forragem ao gado e também para controlar a erosão do solo.

Quadro 2: Calendário das actividades agrícolas e outros eventos de um agregado familiar

Farming activities	Months												
	Oct	Nov	Dec	Jan	Feb	Mar	Apr	May	Jun	Jul	Aug	Sep	Oct
Rains		Vuli rains				Masika rains					Mluati rains		
Crops													
Land preparations					Masika planting								
Pesticide and fertilizer Application		Crops and vegetables planting								Vuli planting			
Crop maintenance and Management													
Harvesting						Vuli harvest					Masika harvest & vegetables		
			Harvest of vegetables and fruits										
Livestock													
Care and maintenance		Feeding, pasturing etc										Feeding, pasturing	
Marketing and selling			Chris mass & school fees					School fees & other occasions					
Tree planting													
Fires													
Slash and burn												Dry period	
Grass and bush fires													

Durante o exercício de ARP, os participantes reconheceram que as colheitas bem sucedidas nestas épocas de crescimento têm um impacto no abastecimento alimentar e na composição das refeições que são postas na mesa. Num ano normal com uma boa colheita, uma família come três refeições por dia, mas num ano com uma colheita fraca, apenas duas. As flores de milho são o alimento básico das famílias, sob a forma de *ugali* e de grão de milho cozido *(makande), e* de manhã cozinham-se papas de flores de milho. A batata, a mandioca e o arroz são refeições adicionais e alternativas. O chá é a bebida mais importante, uma vez que faz muito frio na região. O feijão, a fruta, os legumes, o peixe e a carne são importantes para as refeições. A fruta e os legumes também proporcionam um rendimento adicional para a compra de flores de milho, arroz, carne e feijão ou outros legumes.

O estudo constatou que as famílias têm um excesso de alimentos duas vezes por ano, quando as duas colheitas de vuli e masika e as colheitas adicionais de frutas e legumes são boas. De fevereiro a abril, quando a colheita de vuli é devida, que é a época de pico da colheita de frutas e legumes, há uma abundância de alimentos. Há também alimentos disponíveis entre julho e agosto, quando a colheita de masika é efectuada juntamente com a colheita de legumes e de gado.

Quadro 3: Calendário das entradas e saídas de dinheiro de um agregado familiar e a disponibilidade de alimentos

House hold Incidence	Months												
	Oct	Nov	Dec	Jan	Feb	Mar	Apr	May	Jun	Jul	Aug	Sep	Oct
Cash inflow						*Harvesting of Vuli cropping, marketing and selling of fruits and vegetables*					*Harvesting of Masika cropping marketing and selling of vegetable*		
Cash outflow	*Farm preparations, crop maintenance, purchase of farm inputs, labour and school fees*								*Farm preparations, crop maintenance, purchase of farm inputs, labour and school fees*				
Food availability(abundance)					*Harvest of crops, fruits, vegetables and livestock*					*Harvest of crops, vegetables and livestock*			
Food scarcity/ hunger period	*Hunger period*											*Hunger period*	

Identificação de medidas agro-florestais e de proteção contra a erosão dos solos

O estudo identificou as tecnologias acima mencionadas na área de estudo da seguinte forma.

TECNOLOGIAS AGROFLORESTAIS EXISTENTES NA ZONA

Existem várias tecnologias agro-florestais nesta área. Muitos dos inquiridos (mais de 40 %) admitiram praticar a agrossilvicultura sob a forma de agrosilvopastorícia, em que as culturas arvenses, a arboricultura e a pecuária estão integradas na mesma exploração. Outros (mais de 25 %) praticam a agro-silvicultura plantando reservas de forragem com árvores. 15 % dos inquiridos praticam a agrossilvicultura através da plantação de árvores de limite. A plantação de árvores nos limites das explorações e dos campos, nas estruturas de proteção do solo e nas elevações dos terraços. 10 % dos inquiridos praticam a agrossilvicultura sob a forma de plantação de bancos de forragem. Outros inquiridos (5%) admitiram utilizar uma combinação de algumas destas técnicas agroflorestais nas suas aldeias. Alguns agregados familiares perto da plantação florestal de Shagayu praticam o sistema Taungya de agroflorestação em menor escala, onde, para além da agricultura, tratam das árvores da plantação.

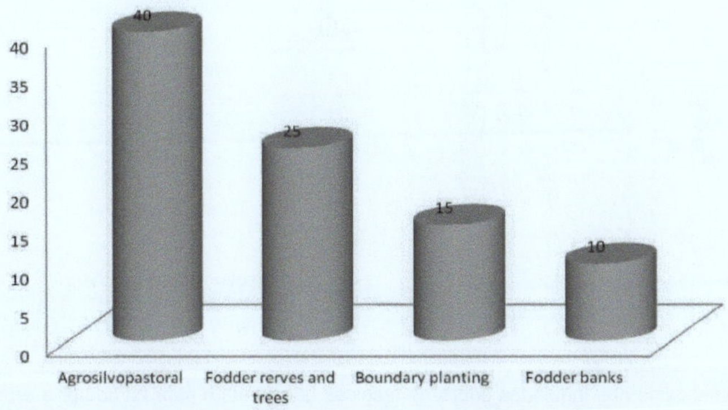

Figura 3: Respostas dos agricultores aos tipos de tecnologias agro-florestais

Nos debates, os participantes referiram que estas técnicas agro-florestais são utilizadas em combinação com várias culturas e, em algumas explorações, também com a criação de gado. No entanto, existem diferenças de cultivo entre as explorações das terras altas e as das terras baixas ou dos vales interiores. Nas explorações das terras altas, cultivam-se culturas sazonais como o milho, o feijão e a batata, bem como culturas permanentes como a banana e a mandioca. Nas explorações das terras baixas, a agrofloresta consiste maioritariamente no cultivo de vegetais, que servem mais para gerar rendimento do que para cultivar alimentos. Nas terras baixas, cultivam-se principalmente batatas, couves, cenouras e tomates. O gado também é criado nos agregados familiares para estas tecnologias agro-florestais. Os animais domesticados mais comuns incluem gado, cabras, ovelhas e galinhas, e as espécies de árvores mais usadas para a agroflorestação na área de estudo incluem albizzia, ficus ang gravelea, erythrina, albizia, árvores de fruto, pinheiros e árvores de fruto, e espécies de árvores de leucina. Estas árvores desempenham um papel fundamental na agrofloresta, incluindo a proteção contra a erosão do solo. Os participantes da ARP também confirmaram outros benefícios destas árvores, incluindo o fornecimento de postes, lenha, sombra, madeira e carvão. Existem alguns problemas associados à utilização destas espécies de árvores para a agroflorestação na área de estudo, tais como As observações de campo mostraram que existem diferenças nas culturas cultivadas para a agrofloresta entre as terras baixas e as terras altas no estudo. As diferenças devem-se apenas ao objetivo do cultivo. Por exemplo, nas terras baixas, a maioria das culturas é cultivada para a geração de renda e, na maioria dos casos, são vegetais que são exportados para as cidades. Também dependem da agricultura de regadio. Estas incluem couves, tomates, cenouras, milho, espinafres e batatas. Por outro lado, as explorações agrícolas das terras altas produzem culturas alimentares que dependem da chuva. Estas incluem o milho, o feijão, a mandioca e a batata.

TÉCNICAS DE LUTA CONTRA A EROSÃO DOS SOLOS

O estudo também identificou as técnicas que os agricultores utilizam para proteger o solo da erosão, tendo muitos inquiridos (cerca de 50%) admitido que utilizam linhas de macro-contorno (também conhecidas como makingamaji) como a melhor tecnologia para proteger o solo da erosão. As linhas de macro-contorno são constituídas por quatro componentes vegetais: Árvores agroflorestais, gramíneas, leguminosas rasteiras e arbustos forrageiros. O seu objetivo é reduzir o escoamento superficial, ligar o lodo e produzir forragem ao mesmo tempo. Os agricultores admitem que esta tecnologia é uma forma de agroflorestação que poupa tempo e trabalho, porque é versátil e altamente integrada. Outros inquiridos (40%) protegem os seus solos da erosão criando terraços chamados "matuta" na língua Swahili. Contudo, alguns destes terraços foram criados há muito tempo, pelo que muitos agricultores não utilizam esta técnica por ser demasiado trabalhosa e demorada. Os agricultores também utilizam outras técnicas para conservar o solo: 10% dos inquiridos declararam que plantam ervas (guatamala) nas suas parcelas para fornecer forragem ao seu gado e para proteger o solo da erosão.

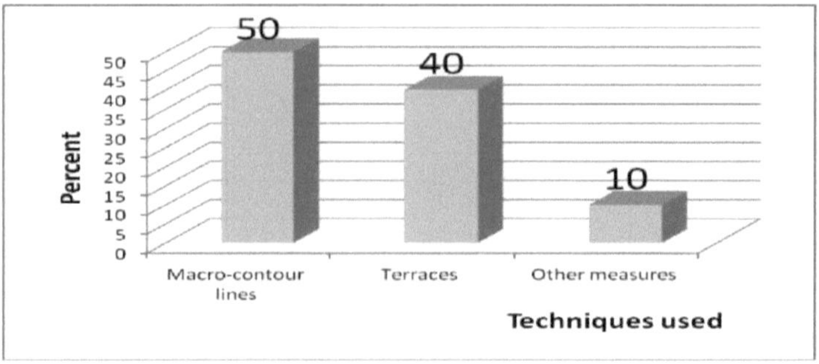

Figura 4: Respostas dos inquiridos sobre as técnicas que utilizam para combater a erosão do solo

O estudo também mostrou que existem diferenças entre as quatro aldeias em termos das aplicações e práticas destas agroflorestas e tecnologias, bem como da gravidade do problema de controlo da erosão do solo. O problema do controlo da erosão do solo é menos grave na aldeia de Longoi Kibaoni, o que se deve à elevada sensibilização das pessoas e à longa experiência da aldeia na participação num projeto anterior sobre controlo da erosão do solo e agroflorestação. Isto torna a aldeia mais produtiva. Ainda há problemas com a erosão do solo nas aldeias de Nkelei, especialmente nas quintas das terras altas, porque algumas famílias não têm dinheiro para investir na construção das curvas de nível e na compra de sementes de árvores para a agroflorestação. As aldeias de Emao e Goka parecem ser inovadoras em termos de introdução destas tecnologias e, assim, resolver os problemas de erosão do solo.

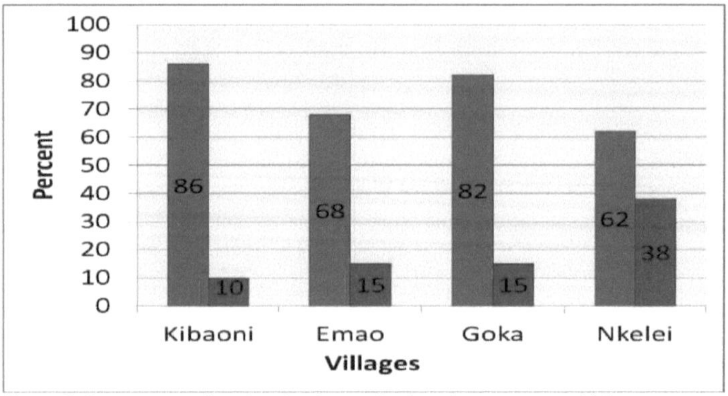

Figura 5: Comparação da extensão da erosão do solo nas quatro aldeias

No que diz respeito ao papel do controlo da erosão do solo e da agrossilvicultura no aumento da produtividade do solo, os inquiridos admitiram que algumas das suas explorações de terras altas ainda são improdutivas devido aos efeitos da erosão do solo ocorrida antes da introdução destas tecnologias. No entanto, as observações no terreno mostram que algumas explorações onde estas tecnologias são aplicadas estão a mostrar bons sinais de produtividade. O principal indicador de mudança é o aumento da fertilidade do solo e a redução dos níveis de erosão do solo. Os próprios agricultores também confirmam que a agro-silvicultura e o controlo da erosão do solo contribuíram para a produtividade do solo. No entanto, há factores que estão associados ao declínio da produtividade do solo na área de estudo. Muitos inquiridos (30%) indicaram que o declínio da produtividade do solo na zona se deveu ao abandono dos fertilizantes. Enquanto (25%) dos inquiridos indicaram que a queima de resíduos é um fator que contribui para o declínio da produtividade do solo. 20% dos inquiridos indicaram que tal se deve ao facto de o cultivo sem curvas de nível conduzir ao declínio da produtividade do solo. Outros inquiridos (20%) vêem o problema da diminuição da produtividade da terra na recolha de lenha. 14% dos inquiridos citaram as monoculturas e as culturas itinerantes como os factores que contribuem para o declínio da produtividade do solo.

Produtividade na zona de estudo

Contribuição da agro-silvicultura para a segurança alimentar das famílias

O estudo mostrou que a agrofloresta dá a maior contribuição para a segurança alimentar de muitos agregados familiares na área de estudo através da sua própria produção agrícola e dos serviços associados à criação de gado. Neste estudo, a produção agrícola própria é responsável por 55% da aquisição anual de alimentos pelos agregados familiares. A compra de alimentos contribui em mais de 20% para a segurança alimentar. A contribuição do gado e dos produtos animais representa 10% como fonte de alimentação. Outras fontes de alimentos para os agregados familiares nesta área de estudo são a troca de produtos, mão de obra ou alimentos.

Figura 6: Respostas dos inquiridos sobre os factores mais importantes que contribuem para o declínio do espaço

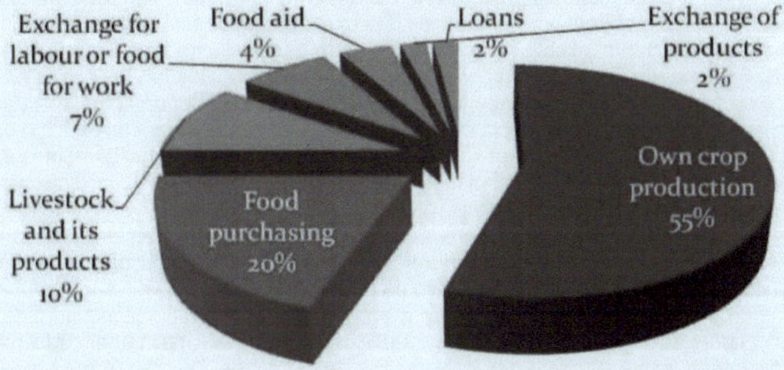

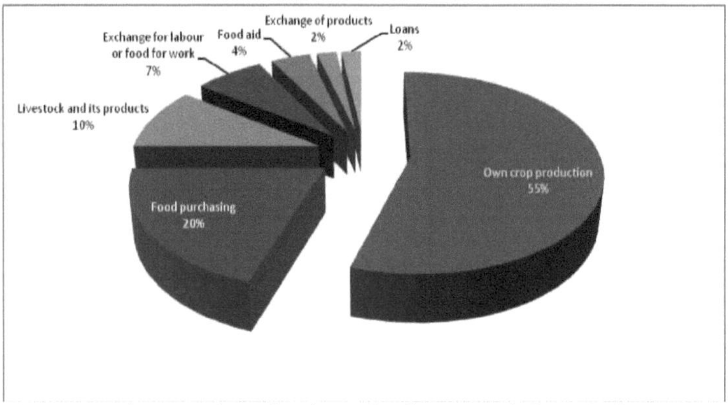

Figura 7: Respostas dos inquiridos na área de estudo relativamente às fontes de alimentação num ano normal.

Durante o exercício de ARP, foi reconhecido que as práticas agroflorestais apoiaram a segurança alimentar das famílias de várias formas,

AUMENTAR A PRODUÇÃO VEGETAL ATRAVÉS DA AGRO-SILVICULTURA

Uma variedade de culturas da agrofloresta assegurou colheitas adequadas para os agregados familiares na área de estudo. Os participantes no diálogo admitem que a agrofloresta nas suas áreas inclui uma variedade de culturas que interagem bem com outros componentes das hortas e quintas, o que tem tido um impacto positivo na segurança alimentar das famílias. As principais culturas cultivadas incluem o milho, o feijão, a banana e a mandioca. A partir das discussões do PRS neste estudo, o rendimento médio de 2 a 3 sacos de milho por agregado familiar é constante. No entanto, devido à seca e a outros problemas relacionados com o solo, os rendimentos das explorações agro-florestais na área diminuíram significativamente. As observações de campo mostram que, em muitas das explorações de terras altas, são cultivadas mais árvores do que culturas, exceto nas parcelas onde é possível a irrigação, como durante as boas chuvas. Este estudo também descobriu que a agroflorestação nos fundos dos vales (vales interiores) nesta área contribui grandemente para a segurança alimentar das famílias através do desenvolvimento da horticultura, especialmente tomate, repolho, cenoura, couve-flor e batatas. Muitos participantes utilizam o rendimento da venda de legumes para comprar alimentos e outras despesas essenciais, como as propinas escolares. Também emergiu das discussões que existem árvores de fruto muito produtivas na área, tais como peasi, fyoks, nyamambogo, matunda damu, mapera, zambia, abacate, maracujá, ameixas e pêssegos. Estas frutas fornecem o rendimento para comprar comida para o agregado familiar, embora a produção de fruta seja tão elevada que a fruta é dada de graça no pico da época.

Os membros do painel também admitiram que a agrofloresta promoveu a agricultura biológica entre os agricultores da região. Isto significa que a utilização de insecticidas químicos foi reduzida de forma satisfatória, especialmente nas explorações de montanha. De uma forma ou de outra, as pragas são evitadas através da mistura cuidadosa e da rotação de culturas e da utilização de pesticidas orgânicos de plantas indígenas *como a Mzumbasha, a Fivi e a Donondo.* A utilização de fertilizantes químicos, que também são caros, não garante colheitas de boa qualidade.

O estudo também revelou que a agroflorestação permitiu a introdução de culturas não só na área de Shagayu mas também no resto do distrito de Lushoto. Várias culturas, incluindo o girassol, foram citadas como exemplos nas entrevistas. O objetivo da introdução do girassol era diversificar a produção agrícola e fornecer uma alternativa local para o óleo de cozinha. No entanto, a produção de girassol falhou devido à falta de oportunidades de mercado. Outro caso envolveu a identificação de culturas de adubo verde com espécies indígenas e exóticas, como o arbusto de leguminosas bienais utilizado na agricultura tradicional como mayombo. Embora os participantes tenham admitido durante o exercício de ARP que o mayombo, tal como outras culturas tradicionais, já não é cultivado na zona.

CONTRIBUIÇÕES DA AGRO-SILVICULTURA CRIAÇÃO DE ANIMAIS

Os participantes no exercício de ARP admitiram que manter o gado dentro de casa, que é uma componente da agroflorestação, manteve a segurança alimentar. A criação de animais em sistemas agroflorestais introduziu um novo híbrido de gado para carne e leite, proporcionando às famílias fontes de alimentação e rendimentos diversificados. Os mesmos benefícios resultam da domesticação de cabras, ovelhas e galinhas. Um agregado familiar tem uma média de 3 a 4 vacas. Em Agrosilivopastrol, a criação de gado tem proporcionado às pessoas um rendimento alternativo para comprar alimentos quando as colheitas são baixas. A criação de gado também fornece aos agricultores fertilizantes para a agricultura. As observações mostram que as explorações agrícolas com criação de gado integrada obtêm um rendimento mais elevado do que as que não têm criação de gado. Além disso, os produtos animais, como o leite, a carne, a manteiga e o queijo, são fornecidos para a alimentação e há mais esforços para expandir a criação de gado na região. Na aldeia de Nkelei, por exemplo, cerca de 160 agricultores estão envolvidos na investigação da produção de vacas e cabras para a produção de leite, galinhas e legumes, e 40 pequenos grupos de homens e mulheres foram formados até agora. O apoio é fornecido pelo Banco Mundial, que investiu cerca de 2,2 milhões de xelins T. As entrevistas com os inquiridos indicam que mais de 20 por cento dos alimentos na área de estudo são adquiridos através da compra de alimentos. As observações também mostram que o milho é o principal alimento importado de Moshi, Korogwe, Muheza, Handeni e Tanga, onde o preço é de 1500 por kg. O arroz vem de outras regiões através de Dar es Salaam. Esta observação revela uma diferenciação entre as fases da agrofloresta e a sua contribuição para a segurança alimentar das famílias no distrito de Lushoto. Nessa altura, por exemplo, um agregado familiar produzia 5 a 6 sacos de milho. No entanto, a produção média por agregado familiar é de três sacos de milho. Os peritos agrícolas da região suspeitam que a introdução de uma agro-silvicultura melhorada, com a melhoria da produção de culturas com valor de mercado e a liberalização do mercado, levou os aldeões e os intermediários a envolverem-se no comércio de longa distância. Originalmente, a maior parte dos alimentos consumidos nas aldeias provinha dos campos dos próprios agricultores. Hoje, no entanto, a produção alimentar entrou em colapso na maioria das aldeias porque as pessoas usam o dinheiro da venda de vegetais e, na maioria dos casos, os alimentos, especialmente o milho, têm de ser importados. No entanto, as discussões com os peritos indicam que a nova agrofloresta e o controlo da erosão do solo da SECAP incluíam elementos de produção que estavam diretamente ligados à contribuição para a segurança alimentar das famílias, incluindo a posse da terra, árvores agroflorestais, vacas leiteiras, árvores de fruto, gramíneas forrageiras, horticultura e plantações florestais.

CONTRIBUIÇÃO DAS ÁRVORES AGROFLORESTAIS PARA A SEGURANÇA ALIMENTAR DAS FAMÍLIAS

O estudo também mostrou que as árvores plantadas para a agroflorestação na área têm muitos benefícios para a segurança alimentar dos agregados familiares na área. Várias árvores plantadas tanto nas hortas como nas quintas fornecem aos agregados familiares lenha para cozinhar e poupam às mulheres a longa caminhada até à floresta para recolher lenha. Outras espécies de árvores forneceram aos agregados familiares uma fonte alternativa de rendimento para a compra de alimentos. Este tipo de rendimento provém da venda de madeira e de frutos. Outras espécies de árvores forneceram aos agregados familiares serviços diretamente relacionados com a segurança alimentar do agregado familiar, tais como o fornecimento de lenha, carvão, medicamentos, abrigo e valores de captação. As observações de campo também mostram o papel que as árvores agroflorestais desempenham na libertação de matéria vegetal, reduzindo assim o excesso de água através da evapotranspiração durante os períodos secos. A tabela abaixo mostra árvores importantes e a sua contribuição para a segurança alimentar dos agregados familiares na área.

Tabela 4: Espécies de árvores importantes e o seu papel na segurança alimentar na área de estudo

Species name			
Local name	**Scientific name**	**Family name**	**Contributions/ role**
Mkabela	Grevillea robusta	Proteaceae	Timber, firewood, building poles, charcoal, conservation
Msambya	*Pachystela brevipes*	Rosaceae	Timber, firewood, building poles, charcoal, conservation, medicine, edible fruits, bee forage, shade
Mfyokisi	*Prunus Africana*	Rosaceae	Edible fruits and nuts
Msongoma	*Flacourtia indica*	Flacourtiaceae	Timber, firewood, fodder, edible fruits and nuts, medicine
Mshai	*Albizia gummifera*	Mimosaceae	Firewood, fodder, medicine, ritual, conservation
Mvumo	*Ficus thonningii*	Moraceae	Medicine, ritual, fodder, religious
Mbokoboko	*Entandrophragma*	Meliaceae	Timber, catchment, soil conservation
Mtondoo	*Khaya nyasica*	Meliaceae	Timber, firewood, building, poles, charcoal, conservation
Mshiwhi	*Syzigium guineense*	Myrtaceae	Edible fruits and nuts, medicine, firewood, dyes, conservation, catchment
Ng'weti	*Rauvolfia caffra*	Apocynaceae	Firewood, timber, medicine
Muula	*Parinaria excels*	Rosaceae	Edible fruits and nuts, catchment
Mrungu	*Erythrina abyssinica*	Mimosaceae	Fodder, firewood, medicine, building poles, timber, ritual conservation
Mziraghembe	*Olea Africana*	Oleaceae	Insecticides, medicine, firewood, building poles, snakes & rodents repellents
Mkaratusi	*Eucalyptus ssp*	Myrtsceae	Timber, firewood, building poles, conservation, charcoal
Mwiza	*Bridelia micrantha*	Euphobiaceae	Fodder, charcoal, medicine, timber, building poles
Nkwati	*Teclea nobilis*	Rutaceae	Timber, firewood, medicine, charcoal, building poles
Mshegheshi	*Myrica salicifolia*	Myricaceae	Firewood, medicine
Mkumba	*Macaranga capense*	Euphorbiaceae	Firewood, charcoal, building poles, timber, conservation
Mkwinini	*Cinchona spp*	Rubiaceae	Medicine, building poles
Kogho	*Croton sylvaticus*	Euphobiaceae	Medicine, fodder
Mkuyu	*Ficus capensis*	Moraceae	Catchment, ritual

CONTRIBUIÇÕES PARA A PROTECÇÃO DO SOLO E DA ÁGUA

Os peritos agrícolas entrevistados para este estudo admitiram que o objetivo do desenvolvimento da agrossilvicultura e do controlo da erosão do solo na área era abordar o problema persistente da erosão do solo, particularmente nas encostas. O Sr. Lyimo, um funcionário da extensão agrícola que teve a oportunidade de trabalhar com a SECAP nos anos 80, reconhece que o principal objetivo dos agricultores ao adoptarem estas tecnologias é fornecer alimentos e rendimentos para o agregado familiar e não sustentar as suas explorações agrícolas. Numa entrevista, explica que estas tecnologias proporcionam benefícios através da formação dos agricultores sobre a forma de melhorar a fertilidade do solo com base nos princípios da agricultura biológica, tais como a adubação verde, a melhoria da gestão das culturas, a compostagem, a utilização de estrume de quinta, a agrofloresta, a cobertura morta e o chorume. Estas medidas ajudam a conservar o solo e a água e, em última análise, melhoram a produção agrícola.

Outros benefícios agroflorestais na zona

Ao avaliar os benefícios ambientais adicionais da agroflorestação na área de estudo, o estudo chegou às seguintes conclusões.

AGRO-SILVICULTURA PARA A CONSERVAÇÃO DAS FLORESTAS

Este estudo mostra que a agrofloresta desempenhou um papel importante na redução da desflorestação das florestas em rápida invasão no distrito de Lushoto, que inclui não só Shagayu, mas também Chambogo e Bombo-Makole, que fornecem água a dezenas de milhares de pessoas nas áreas de Shume, Mtae, Mlola e Mlalo.

A partir das discussões do PRA, parece que a agroflorestação ajudou a reduzir a desflorestação na área, estabelecendo metas para a plantação de árvores nas explorações agrícolas que ajudaram a reduzir a pressão sobre a dependência das florestas protegidas. Os objectivos incluíam,

Inverter a tendência de desflorestação no distrito, plantando mais árvores do que as que são cortadas e protegendo e gerindo as florestas sob o controlo do distrito e das aldeias

Alcançar a autossuficiência em lenha, madeira e outros produtos arbóreos a nível das explorações agrícolas, integrando as árvores com outras culturas nos campos dos próprios agricultores.

Restabelecer o equilíbrio hidrológico necessário para uma agricultura sustentável através de uma gestão ativa das bacias hidrográficas, incluindo a criação de reservas florestais nas bacias hidrográficas superiores e práticas agro-florestais nas terras aráveis.

BENEFÍCIOS DAS ÁRVORES AGROFLORESTAIS

Numa tentativa de cruzar as respostas das entrevistas, os resultados das entrevistas mostraram que os agricultores plantaram diferentes espécies de árvores para reduzir a dependência das florestas e reduzir a erosão do solo na área. Os resultados mostram que *a Gravillea robusta* é a espécie arbórea predominante plantada para a agrofloresta na área. Outras espécies de árvores foram a *albizhia, a leucina*, *o pinheiro* e as árvores de fruto.

Figure 8: Opiniões dos inquiridos sobre as espécies arbóreas mais comummente plantadas para fins agro-florestais que ajudam a reduzir a dependência das florestas naturais

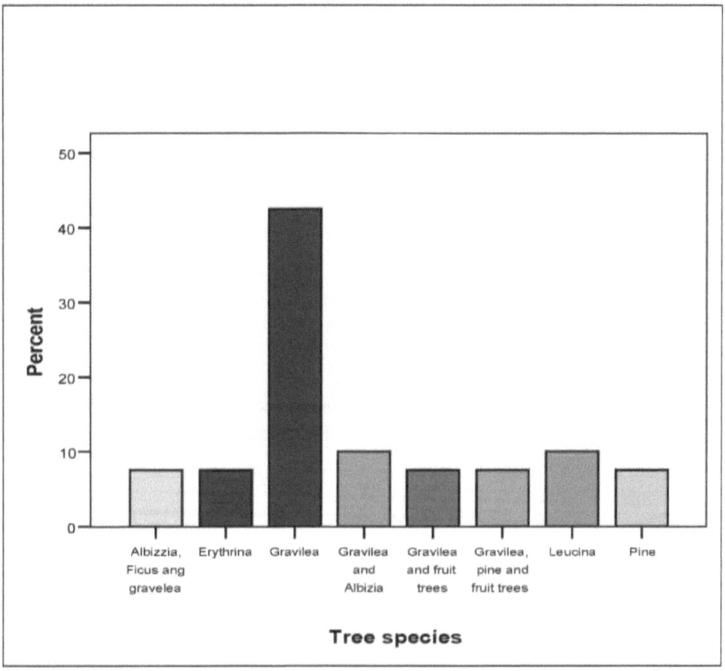

Os inquiridos afirmaram que plantaram estas árvores para conservação dos solos e para fins agro-florestais, a fim de reduzir a pressão sobre as florestas. Também trazem outros benefícios e desencorajam as pessoas de entrarem nas florestas. Os benefícios mais frequentemente citados incluem lenha (mais de 50 %), outros materiais como postes (20 %), madeira (25 %) e sombra (10 %).

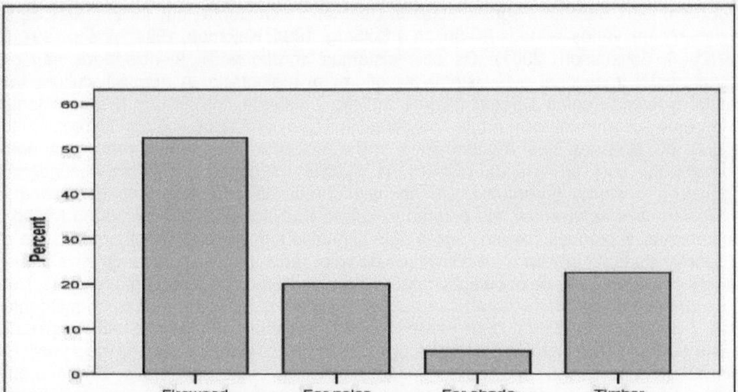

Figure 9: Opiniões dos inquiridos sobre os benefícios das árvores plantadas para agroflorestação na área de estudo.

Contudo, os entrevistados referiram vários problemas com a plantação destas árvores. Estes incluem o sombreamento excessivo das folhas pelas árvores (no caso da *Gravellia*), a competição das árvores com as plantas pela água e outros nutrientes, o longo período de crescimento de algumas árvores e algumas árvores com raízes longas que consomem muita água (no caso do *Accrocapus* e do *Eucalyptus*). Muitas outras espécies de árvores contribuíram de diferentes formas para reduzir a pressão sobre a floresta natural. O Quadro 3 mostra as diferentes espécies de árvores utilizadas para a agroflorestação na área de estudo.

CAPÍTULO 6 DEBATES

As discussões neste estudo analisam os resultados de outras investigações que tratam das mesmas questões que as abordadas neste estudo.

Tecnologias agroflorestais e controlo da erosão do solo na área de estudo

Neste estudo, foram identificadas várias medidas agroflorestais e de controlo da erosão do solo ao longo da Reserva Florestal de Shagayu. Da mesma forma, (Pfeiffer, 1990) concluiu que os agricultores da região têm praticado historicamente métodos eficazes para proteger o solo e manter a fertilidade do solo, tais como a agroflorestação de vários andares, as culturas mistas e a adubação verde através da tolerância controlada às ervas daninhas, utilizando ervas daninhas anuais como cobertura morta.

Por outro lado, o sistema agroflorestal da Usamabara Ocidental, que inclui a área de Shagayu, é descrito em vários estudos (Kaoneka e Solberg, 1994; Kajembe, 1994; Moshi, 1997; Msuya *et al*, 2006; Johansson, 2001). Os dois sistemas agroflorestais mencionados são o sistema agroflorestal tradicional e o sistema agroflorestal melhorado. A agrossilvicultura tradicional, também referida como agrossilvicultura antiga, é descrita nos antigos relatos coloniais como altamente sustentável, com a tribo indígena (Sambaa) descrita como agricultores muito hábeis, cultivando bananas nas montanhas e milho no sopé das montanhas, mas sempre em combinação com um grande número de plantas indígenas e culturas secundárias, como coqueiros e outros tubérculos. Os animais domesticados, como o gado bovino e ovino, forneciam-lhes fertilizantes. No entanto, o cultivo tradicional de queimadas na região já não é sustentável. A produção passou agora para sistemas agro-florestais melhorados, que oferecem a oportunidade de manter a produtividade do solo, reduzir a degradação da terra e melhorar os meios de subsistência da população rural através de métodos agrícolas melhorados. No entanto, o sistema agroflorestal melhorado parece ser mais adequado para a Usambara Oriental do que para a Usambara Ocidental, onde existem culturas mais valiosas, como o chá. A agrossilvicultura nesta área também envolve a domesticação de frutos indígenas e plantas medicinais (Msuya *et al.*, 2006), onde certas espécies de plantas medicinais como *Albizia spp, Erythrina abyssinica, Catha edulis, Prunus africana* e *Tamarindus indica* são domesticadas para as conservar, uma vez que estas espécies são objeto de colheita excessiva no seu habitat natural (as florestas). Estas plantas medicinais são uma parte essencial dos cuidados de saúde primários, especialmente para as populações rurais que dependem fortemente das plantas florestais para alimentação, abrigo, energia e medicamentos.

Existem diferenças na aplicação destas tecnologias agroflorestais e de controlo da erosão do solo entre os agregados familiares estudados. Este pode ser um caso típico para muitas das comunidades agrícolas. De acordo com (Izac, 2003), o declínio da fertilidade do solo é reconhecido como um problema pela grande maioria dos agricultores que o enfrentam nas suas explorações. Simultaneamente, é um problema para a sociedade no seu conjunto, uma vez que está ligado a questões de sustentabilidade agrícola, biodiversidade do solo, fixação do carbono e funcionamento das bacias hidrográficas. No entanto, as decisões dos agricultores são influenciadas por vários factores que estão claramente localizados a diferentes escalas espaciais (por exemplo, a mão de obra familiar e o estado de fertilidade do solo dos campos), enquanto outros factores desempenham um papel ao nível da paisagem e da comunidade (por exemplo, o acesso a recursos fora da exploração) ou ao nível regional e nacional (por exemplo, as políticas governamentais relacionadas com as infra-estruturas rurais e os mercados de bens de consumo).

Contribuição da agro-silvicultura para a segurança alimentar das famílias

A contribuição da agrofloresta para a segurança alimentar das famílias na área de Shagayu foi avaliada neste estudo. Da mesma forma, (Johansson, 2001) relatou que a agroflorestação através da iniciativa de criação de gado do TIRDEP em 1979 no distrito de Lushoto contribuiu grandemente para a segurança alimentar das famílias na área, fornecendo estratégias de conservação do solo e práticas agrícolas ecologicamente correctas. No entanto, o rendimento per capita e o consumo de produtos de mercado aumentaram acentuadamente. A população cresceu muito mais rapidamente nos últimos anos do que no período anterior às inovações da SECAP em matéria de agroflorestação e controlo da erosão dos solos na década de 1980. No entanto, a produção agrícola de culturas de rendimento aumentou mais fortemente, enquanto a tendência da produção alimentar está a diminuir. Embora os agregados familiares médios tenham um rendimento mais elevado, tornaram-se também mais vulneráveis. Enfrentam carências alimentares recorrentes, têm muito poucas poupanças, o número de animais, especialmente gado, diminuiu e a quantidade de terra fértil é relativamente pequena. A contribuição das florestas e das árvores nas explorações agrícolas para a segurança alimentar é discutida noutros estudos. De acordo com (FAO, 1989), as florestas e as árvores de cultivo em muitas áreas rurais dão um contributo importante para a produção agrícola (por exemplo, mantendo e melhorando as condições do solo e mantendo o equilíbrio da água), fornecem alimentos, forragem e combustível, e oferecem a oportunidade de obter um rendimento em dinheiro. As actividades florestais podem, por conseguinte, ter um impacto direto e indireto na segurança alimentar das populações. A produção sustentável de alimentos também depende de um ambiente favorável e estável. A nível local, regional e global, as árvores e as florestas podem ter um impacto profundo no ambiente. Ao protegerem o solo da erosão e estabilizarem as encostas, as linhas costeiras expostas e outras zonas vulneráveis, podem ajudar a manter a integridade das terras agrícolas. Podem também influenciar o clima e o balanço hídrico, ambos cruciais para a agricultura.

A contribuição da agroflorestação para a segurança alimentar das famílias pode ser ainda mais reforçada se forem criadas opções adicionais para a expansão da agroflorestação no distrito de Lushoto e na Tanzânia em geral. De acordo com Biswalo (2006), muitos dos programas agroflorestais no país não têm em conta o papel do mercado. Muitas das práticas agroflorestais não fornecem os produtos para os quais se destinam, mas servem principalmente como substitutos para insumos comprados, como forragem para alimentação de gado leiteiro, terras de pousio melhoradas para fertilizantes minerais. No entanto, outros produtos agroflorestais, como a fruta e a madeira, podem ser vendidos, e os benefícios potenciais da sua comercialização são enormes.

Outras vantagens da agro-silvicultura

Este estudo revelou vários benefícios resultantes das práticas agroflorestais da comunidade. Um deles é a redução da desflorestação, especialmente na floresta natural de Shagayu. Outros investigadores (Johansson, 2001) também descobriram que a agroflorestação na área contribuiu para a redução da desflorestação porque os agricultores aprenderam a plantar árvores no final dos anos 80, quando a inovação agroflorestal da SECAP foi introduzida. A plantação de árvores para a agroflorestação aumentou a consciência ambiental e a importância da plantação de árvores nas explorações agrícolas, resultando na plantação de cerca de dez milhões de árvores em todo o distrito de Lushoto durante o período do projeto. Mais importante ainda, uma nova geração de jovens agricultores testemunhou como as árvores que plantaram quando eram crianças cresceram e deram lucro, especialmente agora que os preços da madeira continuam a subir.

No entanto, a desflorestação da floresta de Shagayu continua a ser um dos problemas ambientais da região. As observações mostram que as árvores das florestas naturais têm uma procura mais elevada do que as árvores plantadas para a agro-silvicultura. As árvores plantadas para a agro-silvicultura, como a *Gravellea robusta,* não podem ser comparadas com as árvores de madeira dura, como a *Occotea usambarensis*, que têm uma procura muito elevada.

Para além de reduzir a pressão sobre as florestas naturais, a agrossilvicultura tem outros benefícios ambientais. De acordo com Nair (1999), os sistemas agroflorestais não só ajudam a manter a fertilidade do solo e apoiam o crescimento das culturas associadas, como também contribuem para o ciclo de nutrientes. Estes sistemas agro-florestais incluem a cultura em faixas, árvores em terras de cultivo, pousios melhorados e sistemas de culturas perenes sombreadas. [2]Os três processos mediados para o ciclo de nutrientes nestes sistemas agroflorestais incluem o aumento da entrada de azoto através da fixação biológica de azoto (FBN) pelas árvores ( ), a melhoria da disponibilidade de nutrientes através da produção e decomposição de quantidades significativas de biomassa de árvores e uma melhor absorção e utilização de nutrientes de camadas mais profundas do solo pelas árvores. Outros estudos, como o de (Riha e McIntyre, 1999), mostram que os sistemas agro-florestais têm sido recomendados para reduzir a erosão do solo causada pelo escoamento superficial. No entanto, apesar das práticas agro-florestais existentes, muitas zonas de encosta na área de Shagayu estão ameaçadas pela erosão persistente do solo durante a estação das chuvas. Este facto leva a um declínio da produção agrícola familiar na zona.

(Staver, 1999) discute outros benefícios das práticas agroflorestais, tais como o controlo de ervas daninhas. As práticas agroflorestais têm o potencial de controlar as ervas daninhas, por exemplo, no cultivo do café. É uma hipótese que o café com menos sombreamento proporciona um melhor microclima em termos de humidificação e secagem e contribui menos para a decomposição das folhas. No entanto, durante este estudo, verificou-se que algumas ervas daninhas afectam a produção agrícola na área de estudo, apesar da agroflorestação.

Conclusões

Este estudo mostra que a agrofloresta desempenha um papel importante na gestão dos recursos naturais e na segurança alimentar. É importante que sejam feitos mais esforços para aumentar a rede de árvores nas explorações agrícolas, a fim de alcançar uma produção alimentar sustentável, que é um passo importante para a redução da pobreza. Isto faz parte da realização dos Objectivos de Desenvolvimento do Milénio. Por outro lado, a agro-silvicultura, que é um meio importante de combater a erosão do solo, aumentará a produtividade das terras agrícolas, permitindo assim a degradação do solo e ajudando a garantir que a agricultura não invada desnecessariamente as florestas. Desta forma, a agro-silvicultura contribuirá para a conservação das nossas florestas naturais. Do mesmo modo, o fornecimento de materiais lenhosos, como postes, lenha, carvão e madeira, ajudará a atingir o nosso objetivo de conservação, desempenhando assim um papel crucial na atenuação das alterações climáticas. No entanto, mais importante para a agrossilvicultura no seu papel na redução da desflorestação é a integração de plantações de árvores que, pelo menos, correspondam às espécies de madeira das florestas que são muito procuradas em várias aplicações. No entanto, é uma maior participação da comunidade na plantação e conservação de árvores que pode atingir todos os objectivos esperados relacionados com a segurança alimentar, a conservação ambiental, a degradação da terra e a mitigação das alterações climáticas. As pessoas na área de Shagayu têm estado fortemente envolvidas na conservação das florestas e nas actividades agroflorestais. No entanto, estão a enfrentar problemas de segurança alimentar e de seca, que podem estar entre os impactos das alterações climáticas. Por conseguinte, é necessário abordar estas questões a uma escala mais alargada.

Referências

Attems, M. (1968). "Permanent Cropping In the Usambara Mountains" Rutherberg (Ed), Smallholder Farming And Smallholder Development in Tanzania, Weltforum Verlag, Munique.

Bagachwa, M. (1994). Poverty Alleviation in Tanzania:Recent Research Issues, Dar es Salaam University Press, Dares Salaam. 270.

Biswalo, D. (2006). Explorando as opções de mercado para a expansão da agrofloresta na Tanzânia. Procedimentos do Segundo Workshop Nacional de Agroflorestação e Ambiente. Secretariado da NASCO e TANFORIT Tanzânia: 181.

Buresh, R. &Tian, G. (1998). Melhoramento do solo através de árvores na África Subsariana. In: Nair, P. and Latt, C. (eds.).1998. Directions in the Tropical Agroforestry Research. Kluwer Academic Publishers Londres, Reino Unido e Dordrecht, Países Baixos. 68.

Cliff, L. (1975). The Development Crisis in Western Usambara, em Cliff, L. (ed.). Rural Co-operation in Tanzania. Tanzania Publishing House, Dares Salaam. 145-173.

Conte, C. (1996). Nature Reorganised, Ecological History in the Plateau Forests of the West Usambara Mountains, 1850-1935, em Maddox G; J.Giblin e J. Kimambo. Custodians of the Land, James Urey, Londres. 97-125.

Cooksey, B. (1994). Who's Poor in Tanzania? A Review of Recent Poverty Research, em Bagachwa M. S. D. (Ed) Poverty alleviation in Tanzania: Recent Research Issues. Dar es Salaam University Press. 57-90.

Craswell, E., Sajjapongse, A., Howlett, J. & Dowling, A. (1998). Agroforestry in the Management of sloping lands in Asia and in the Pacifi. In: Nair, P. e Latt, C. (eds) Directions in the Tropical Agroforestry Research. Kluwer Academic Publisher London, Ukund Dordrecht, Países Baixos. 123.

Desta, L. (2000). Land development in the Ethiopian highlands, Amhara region (Desenvolvimento da terra nas terras altas da Etiópia, região de Amhara). Instituto Internacional de Investigação sobre Políticas Alimentares (ILRI). Documento de trabalho32. 14.

FAO (1989). Household food security and forestry: An analysis ofsocio- economic issues.

Graaff, J. (1996). The price of soil erosion: an economic assessment of soil conservation and watershed development. Universidade Agrícola de Wageningen, Wageningen, Países Baixos. 301.

ICRAF (2000). Pathways to prosperity through agroforestry. Estratégia Corporativa 2001-2010. Centro Internacional de Investigação em Agroflorestação. Nairobi, Quénia.

Izac, A. (2003). Aspectos económicos da gestão da fertilidade do solo e das práticas agroflorestais. Pp. 13-15. in: Schroth, G e Sinclair, F (eds.). Trees, Crop and Soil Fertility (Árvores, Culturas e Fertilidade do Solo). CAB International, Wallingford, Reino Unido.

Johansson, L. (2001). Dez milhões de árvores depois. Mudança no uso da terra nas montanhas de Usambara Ocidental. O projeto de erosão do solo e agroflorestação no Distrito de Lushoto 1981-2000. GTZ, Eschborn. 39-160.

Kajembe, G. C. (1994). O Sistema de Gestão Indígena como base para a silvicultura comunitária na Tanzânia. Um estudo de caso da cidade de Dodoma e do distrito de Lushoto. Tropical Resource Management paper No 6 Wageningen Agricultural University. Universidade Agrícola de Wageningen, Países Baixos. 194.

Kaoneka, A. R. S. &Solberg, B. (1994). Uso da terra relacionado com a silvicultura nas montanhas ocidentais de Usamabara, Tanzânia. In: Agriculture, Ecosystems and the Environment49. 207-215.

Kavishe, F. P. & Mushi, S. S. (1993). Acções relacionadas com a nutrição na Tanzânia. TFNC 30 monography series NO1; UN ACC/SCN country Case study Supported by UNICEF: A Case study forXV congress international Union of Nutritional Sciences.

Leakey, R. &Simons, A. (1997). The domestication and commercialisation of indigenous trees in agroforestry for poverty alleviation (A domesticação e comercialização de árvores indígenas na agroflorestação para o alívio da pobreza). In: Nair, P. e Latt, C. (eds.): Directions in Tropical Agroforestry Research. Kluwer Academic Publishers, Londres, Reino Unido. . 166.

Lundgren, B. (1978). "Soil Conditions and Nutrient Cycling under Natural and Plantation Forests in the Tanzania Highlands", Reports on Forest Ecology and Forest Soils

SUASC; Uppsala, .
Lyamchai, C., Lyimo, S., Ndondi, R., Owenya, M., Ndakidemi, P. & Massawe, N. (1998). Participatory Rural Appraisal in Kwalei Catchment Lushoto, Tanzânia. Instituto de Investigação Agrícola de Selian, Arusha.
Marscarenhas, A. (2000). Poverty, environment and livelihoods along the Usambara gradients in Tanzania (Pobreza, ambiente e meios de subsistência ao longo dos gradientes de Usambara na Tanzânia). Investigação sobre a redução da pobreza. Relatório de Investigação No.00.2. Dar es Salaam, Tanzânia. 5-9.
McCalla, A. &Cesar, R. (2001). Perspectivas para a segurança alimentar global. A Critical Appraisal of Past Projections and Predictions. Instituto Internacional de Investigação sobre Política Alimentar (IFPRI). A 2020 Vision for Food, Agriculture and the Environment. Documento de discussão. 35.
Mercer, D. & Miller, R. (1998). Socio-economic research in agroforestry: progress, prospects and priorities. Em: Nair, P. e Latt, C. (eds) Directions in the Tropical Agroforestry Research. KluwerAcademicPublisherLondon, Ukund Dordrecht, Países Baixos. 184.
Mikkelsen, B. (1995). Methods for development work and research: A guide for practitioners.New Delhi: Sage Publications.
MNRT (2003). Resource economic analysis of catchment forest reserves in Tanzania (Análise económica dos recursos das reservas florestais de captação na Tanzânia). Ministério dos Recursos Naturais e do Turismo, Departamento de Silvicultura e Apicultura, Dar es Salaam.
Mosha, A. C. (1990). Strategies for Household Food Security. O papel do Centro de Alimentação e Nutrição da Tanzânia. Relatório TFNC No. 1269, Dares Salaam, Tanzânia. 6-35.
Moshi, E. (1997). Inventário de sistemas agroflorestais indígenas em prática nas Montanhas de Usambara Ocidental. Tese de mestrado não publicada. Universidade de Agricultura de Sokoine, Morogoro.
Mowo, J., Mwihomeke, S. &Mzoo, J. (2002). "Natural Resource Management in the Western Usambara Mountains: A Glimmer of Hope in the Horizon". Documento apresentado na Mountains High SummitforAfrica (Nairobi, 6 a 10 de maio de 2002). 3.
Msuya, T., Mndolwa, M. &Kapinga, C. (2006). Género e factores socioeconómicos que influenciam a domesticação de plantas medicinais como uma prática agroflorestal indígena nas Montanhas de Usambara Ocidental. In: Chamshama et al (eds) Partnerships and Linkages for Greater Impacts in Agroforestry and Environmental Awareness. Morogoro-Tanzânia. 156-159.
Nair, P. (1999). Ciclo de nutrientes em sistemas agroflorestais tropicais. Myths and science. Em: Buck, L et al (eds) Agroforestry in Sustainable Agricultural Systems. Lewis Publishers, Washington, D.C. EUA. 2-24.
Paarberg, R. (2002). Governance and Food Security in the Age of Globalisation (Governação e Segurança Alimentar na Era da Globalização). IFPRI. Vision 2020 for Food, Agriculture and the Environment. Documento de discussão36. 28.
Pfeiffer, R. (1990). Agricultura sustentável na prática - potencial de produção e impactos ambientais das linhas de macro-contorno nas montanhas de Usambara Ocidental, Tanzânia. Dissertação, Universidade de Hohenheim.
Riha, S. &McIntyre, B. (1999). Gestão da água em sistemas agroflorestais com sebes. In: Buck, L et al (eds) Agroforestry in Sustainable Agricultural Systems. Lewis Publishers, Washington, D.C. USA. 48-53.
Rodgers, W. & Homewood, K. (1982). 'Species Richness and Endemism in the Usambara Mouton Forest, Tanzania', Biological Journal ofthe Linnean Society. 97-242.
Schroth, G. & Sinclair, F. (2003). Efeitos das árvores na fertilidade dos solos agrícolas. In: Schroth, G. and Sinclair, F. (eds.) Trees, Crops and Soil Fertility. CAB International, Wallingford, Reino Unido. 66.
Shelukindo, H. & Kilasi, G. (1993). Experiências de desenvolvimento e reorientação do controlo da erosão do solo e das actividades agroflorestais nas Montanhas de Usambara Ocidental, Tanzânia. Um documento apresentado no Workshop sobre Agroflorestação Natural e Ambiente, SUA, Morogoro, Tanzânia.
Staver, C. (1999). Gestão da heterogeneidade da cobertura do solo no café (Coffee Arabica L.) sob a sombra de árvores geridas: das parcelas replicadas à prática do agricultor. In:

Buck, L (eds) Agroforestry in Sustainable Agricultural Systems. Lewis Publishers, Washington, D.C. EUA. 68-94.

Stoorvogel, J. & Smaling, E. M. (1990). Assessment of soil nutrient depletion in sub- Saharan Africa: 1983 - 2000. Relatório No. 28, Winand Staring Centre, Wageningen, Países Baixos. 1-4.

URT (2002). Lei de Silvicultura. Departamento de Silvicultura e Apicultura, Ministério dos Recursos Naturais e do Turismo, Dar es Salaam. República Unida da Tanzânia 2002. 1281.

Vost, S., Witcover, J., Oliveira, S. &Faminow, M. (1998). Questões políticas em agroflorestas: adoção de tecnologia e integração regional na Amazónia ocidental brasileira. In: Nair, P and Latt, C (eds) Directions in the Tropical Agroforestry Research. Kluwer Academic

Anexos

Appendix 1. Lista de controlo das perguntas para o estudo

1. Como é que a produção agrícola é apoiada pelo controlo da erosão do solo e pela agro-silvicultura?
2. Qual era o volume de produção antes das medidas agro-florestais?
3. Como era a segurança alimentar das pessoas antes da agroflorestação?
4. Que tipos de tecnologias agroflorestais e de controlo da erosão do solo existem?
5. Que espécies de árvores são utilizadas na agrofloresta?
6. As árvores plantadas revelaram-se úteis?
7. Que tipos de alimentos devem ser cultivados?
8. Que espécies de árvores devem ser plantadas para a agroflorestação?
9. envolvidos no desenvolvimento de medidas adequadas para a conservação das zonas
10. Os homens e as mulheres têm as mesmas oportunidades de participar e realizar actividades semelhantes?
11. Há actividades que se destinam exclusivamente aos homens e outras às mulheres?
12. Qual foi a eficácia da estratégia para a erosão dos solos e a agroflorestação?
13. Qual é o estado da segurança alimentar na sua região?
14. Como é que se controla a distribuição de terras?
15. Qual é a relação entre o distrito, o governo da aldeia e o comité agrícola da aldeia?
16. Como é que se designam os membros do comité agrícola municipal?
17. Como é que os peritos agrícolas se relacionam com os agricultores nas aldeias?
18. Existem problemas relacionados com a fome que devam ser abordados de acordo com a estratégia?
19. Que mecanismos de partilha de custos e benefícios existem na sua aldeia/comunidade?
20. Qual é a duração dos membros de um comité e como são eleitos os membros?
21. O seu distrito/município tem planos de gestão e estatutos para a agricultura?
22. Se existirem, como foram desenvolvidas e quem esteve envolvido?
23. Que culturas podem ser cultivadas em zonas de montanha?
24. Que outras oportunidades podem as terras altas oferecer para reduzir a pressão nas terras baixas?

Appendix 2. Questionário sobre as contribuições do controlo da erosão do solo e do projeto agroflorestal para a segurança alimentar das famílias.

Dados demográficos

1. ....DistrictVillageGPSRefDate
2. Respondente Não......................
3. Sexo: Masculino [ ] Feminino [ ]
4. Idade [ ] anos
5. Estado civil (solteiro/casado)..
6. Tamanho da família
7. Distribuição etária: 0-10( );11-20( );21-30( );31-40( );41-50 ();>50()
8. Nível de ensino: (1) Ensino primário (2) Ensino secundário (3) Ensino secundário (4) Outro..
9. Nível de riqueza do agregado familiar: (1) Rico (2) Médio (3) Pobre

Inquéritos aos rendimentos

1 Qual é a sua profissão? (1) Agricultor (2) Criador de gado (3) Agro-pastor (4) Pescador (5) Funcionário público (6) Empresário (7) Outra...

2 . Rendimento do agregado familiar proveniente de culturas arvenses

Crop	Amount per month	Amount per year
Banana		
Cassava		
Coconut		
Cotton		
Cowpeas		
Groundnuts		
Beans		
Maize		
Fruits		
Millet		
Vegetables		
Rice		
Sesame		
Sorghum		
Sweet potato		
Tobacco		

3. Rendimento da criação de gado

Types	Quantity	Amount per month	Amount per year
Cattle			
Chicken			
Sheep			
Ducks			
Goat			
Pigs			
Donkeys			
Others			

4. rendimento da floresta

Source	Amount per month	Amount per year
Bee products		
Bush meat		
Charcoal		
Weaving		
Medicinal plants		
Firewood		
Poles		
Timber		
Thatching grass		
Fibre/ropes/bark		
Employment in the forest		
Carvings		
Carpentry		

5. outras fontes

Source	Amount per month	Amount per year
Remittances from relatives		
Own business		
Work in neighbouring farms		
Pension		
Employment		
Savings and credit loans		

6. O rendimento das fontes acima referidas é suficiente para as necessidades do seu agregado familiar? Sim ( )Não( )

7. caso contrário, quais são as estratégias de sobrevivência?

C. Inquérito sobre a segurança alimentar das famílias

1. Quantos meses dura a colheita do vosso alimento básico mais importante?

Código: 1:<3 meses; 2:<5 meses; 3:<8 meses; 4:<10 meses; 5:>10 meses

2. Indique e avalie as estratégias que utiliza para gerar rendimentos para comprar alimentos quando estes acabam?

Casual labour in the community	
Casual labour involving seasonal migration	
Selling agricultural products	
Selling livestock	
Selling other assets	
Harvesting of forest products	
Petty businesses	
Reduce number of meals	
Received food relief	
Get assistance from relatives working in town	
Collect wild foods	
Other specify:	

Código: 1: mais importante, 2: menos importante, 3: menos importante

3. Num ano com uma colheita muito fraca, quantos meses durará a colheita para o consumo alimentar do seu agregado familiar?

Código: 1:<1 mês; 2:<3 meses; 3<5 meses; 4:<8 meses; 5:>8 meses.

4. Quando foi a última vez que viveu uma situação nutricional tão má?

....

5. Nomeia e classifica as estratégias que utilizaste este ano para ganhar dinheiro extra para comprar comida.

Casual labour in the community	
Casual labour involving seasonal migration	
Selling agricultural products	
Selling livestock	
Selling other assets	
Harvesting of forest products	
Petty businesses	
Reduce number of meals	
Received food relief	
Other specify:	

Código: 1: mais importante; 2: menos importante; 3: menos importante

6. Como era a situação alimentar na sua aldeia antes do SECAP ( ) moderada ( ) má ( )

7. A situação alimentar melhorou depois de a sua aldeia ter aderido ao SECAP? Sim ( )Não()

8. Se "Sim", como está a situação agora? Melhor ( ) Moderada ( ) Má ( )

D. A participação comunitária e a situação agrícola

1. participou em actividades de agroflorestação/erosão do solo durante a introdução do SECAP?

Sim ( )ao quadro 2.Não ( ) à pergunta 3

2. Em caso afirmativo, que tipos de actividades de gestão florestal (assinalar)

Activity	**Time spent**	**Frequency of activity**	**Compensation (Tsh)**
Tree planting			
Pruning			
Construction of terraces			
Nurseries preparations			
Meetings			
Minor roads construction			
Construction of contours			
Other specify:			
Other specify:			
Other specify:			

[1]$_2$Tempo de código: 1:<^um dia; 2: ^um dia; 3:> / um dia; 4: 1 dia; 5: outra especificação

Código Frequência: 1: < 1 vez por ano; 2: 1 -3 vezes por ano; 3: < 1 vez por mês, 4: 1-2 vezes por mês; 5: 1 vez por semana; 6: > 1 vez por semana

3. Participou em actividades florestais nos últimos 12 meses? Sim ( ) Não ()

4. Em caso de resposta afirmativa à pergunta 3, que tipos de actividades de gestão florestal (assinalar a casa adequada)

Activity	**Participation**	**Frequency**	**Compensation (Tsh)**	**Compensation unit**
Tree planting				
Pruning				
Construction of terraces				
Nurseries preparations				
Meetings				
Minor roads construction				
Construction of contours				
Tree harvesting from the farm				
Selling of trees from the farm				
Other specify:				

Código Frequência: 1: < 1 por ano; 2: 1-3 por ano; 3: < 1 por mês; 4: 1-2 por mês; 5: 1 por semana

Código da unidade de remuneração: A unidade de trabalho pela qual é pago o montante indicado em "Remuneração": 1: por atividade; 2: por dia; 3: por mês; 4: por árvore; 5: outras informações:

F. Inquéritos sobre os meios de subsistência

Capital natural

1. Qual é a distância entre a quinta e o seu agregado familiar? ....
2. Existem leis no seu país que regulamentam o acesso e a aquisição de terras? Sim/Não
4. Se sim, quais são eles? (i) Estatutos da aldeia (ii) Leis fundiárias nacionais (iii) Outros
5. Qual é o estado geral da sua exploração agrícola? (i) fértil (ii) pobre

6. Considera que a agricultura melhorou ou piorou desde a introdução do SECAP? Sim ( )Não( )
7. Quais são os indicadores do que mudou?

Melhorado:

....

Rejeitado

....

8. Quais são os factores mais importantes que levam a uma deterioração da qualidade do solo na sua exploração agrícola?

Factor of forest degradation	Rank (High, medium, low)	
	Before Agrofrestry	After Agroforestry
Shifting cultivation		
Illegal logging		
Cropping a with a single crop		
Charcoal burning		
Firewood collection		
Farming without contours		
Farming without tree planting		
Farming without fertilizer		
Burning of residues		

10. Qual é a distância que tens de percorrer até à quinta da montanha?
11. Qual é a distância a percorrer a pé até uma quinta nas terras baixas?
12. Quais são as culturas mais importantes que cultivam na quinta de montanha?
    Plantas alimentares
    Frutos do mercado
    Culturas forrageiras
    Outros ....
14. Quais são as culturas mais importantes que se cultivam nas terras baixas?
    Plantas alimentares
    Culturas
    Culturas forrageiras
    Outros

15. Que outras vantagens têm as quintas de montanha?
16. Que outras vantagens têm as quintas de planície?

17. Qual é a fonte da sua alimentação?
    Agricultura

Outros

18. Se provém de uma quinta, onde foi cultivado? terras altas
    Terras baixas
19. Tem experiência com carências alimentaresSim
    Não
    neste momento?
20. Em caso afirmativo, quais foram as razões? ______________________

•

21. Quais são as razões para cultivar alimentos nas terras baixas?
22. Quais são as razões para cultivar alimentos nas montanhas?
23. Propriedade da terra: (i) Terra própria (ii) Terra municipal (iii) Outra

24. Dimensão da superfície cultivada: (Ha)
25. Terrenos retirados da produção para outros fins (ha)
26. O terreno é suficiente para os viajantes? sim( ) não( )
27. Em caso negativo, o que é necessário fazer?

28. Qual é a situação da precipitação na sua aldeia? Mais alta ( ) Mais baixa ( )
29. Qual é o estado de fertilidade do solo na sua aldeia?superior( )inferior( )
30. Como classifica a produtividade da terra de acordo com o SECAP?

1	Household members who are not involved in production	
4	Household members who own land	
5	Household members who are participating in production	
7	Household members with adult education	
9	How many markets you rely?	
10	What is the distance to the market from your farm?	

Maior ( ) Menor ( ) Capital humano

31. O SECAP abriu oportunidades de mercado para os seus produtos? Sim ( )Não( )
32. Se "sim", como?............................
33. Se "Não", porquê..............................
34. Como avalia o acesso aos mercados da sua aldeia?

Antes do SECAP: Melhor ( ) Mau ( )
Segundo o SECAP: Melhor ( ) Mau ( )

35. Quantos terraços/contornos existem na sua empresa?
36. Como é que construiu os terraços/contornos?
37. Quanto lhe custou a criação dos contornos/traços?
38. Qual é o espaçamento entre as linhas dos contornos/traços?
39. Que vantagens têm os contornos/terraços na sua atividade?
40. Que outras opções utiliza para proteger as suas terras agrícolas da erosão do solo?
41. Que espécies de árvores cultiva na sua exploração?
42. Quais são os benefícios das árvores que plantou para a agrofloresta?
43. Que problemas existem com as árvores que plantou?
44. Como avalia a eficácia da proteção dos solos e da agrossilvicultura na sua aldeia?

Curriculum vitae

Names	Ibrahim Hussein Mkwiru.
Date of birth	13.05.1981
Nationality	Tanzanian
Current Address	Brusseler Street 33, 53117 Bonn, Germany
Occupation Field	Forestry Research since 2007 as a Research Assistant
Employer	Tanzania Forestry Research Institute (TAFORI)
Education	
2010, 2012(ongoing)	Msc.Agricultural Sciences and Resources Management in the Tropics and Sub Tropics, University of Bonn Germany
2006	Bsc. Geography and Environmental Studies, University of Dar es Salaam, Tanzania
Training	
2009	UNEP/CITES Training Program on Management, Access and Conservation of Species in Trade
Conferences attended	
2011	1.Climate Change and Policy. 2. Forest Day 5. Durban South Africa.
2011	Tropentag 2011. Developement on the Margin. Bonn, Germany
2010	Human Induced Soil degradation in the Tropics. Summer School in Mexico
2010	Tropentag.2010.World Food System. Contribution from Europe. Switzerland
2008	A Workshop on Significant Trade Review For Sustainable Management of *Prunus Africana*.in Naivasha, Kenya. The workshop was organized by CITES-Plants Committee
Award	Holder of an award from the Germany Academic Exchange Service (DAAD)
Research Work	Research on development of strategies for the conservation and sustainable use of *Prunus africana* to improve the livelihood of small scale farmers.
	Domestication and commercialization of lesser known non timber forest products for sustainable income generation and forest management in Tanzania, A case of indigenous passion fruit *Passiflora edulis* and nut *Telfairia pedata* in Mwanga and Lushoto districts.
	The status of *Prunus africana* in Tanzania.An approach to identify potential areas of the afromontane forests with pygeum populations.
	Contributions made by agroforestry and soil erosion control in household food security in Shagayu forest, Tanzania.
	The role and effectiveness of traditional knowledge and institutions in forest management in Rungwe district, Tanzania
Languages	Fluent in spoken and written English and Kiswahili. Learning Germany
Personal Competencies	Competent in various computer programmes.
Social competencies	Intercultural competencies
	Membership with the Tanzanian Association of Foresters (TAF)
Referees	Professor Mathias Becker, University of Bonn, Germany. Professor Gunter Menz, Geography Dept, University of Bonn. Dr. Till Stellmacher. Center For Development Research, Bonn University.
Certification	I, the undersigned, certify that to the best of my knowledge and belief given data correctly describe my qualifications and experience. Signature:... ....Date:... ....

Índice

More Books!
yes

MIX
Papier aus verantwortungsvollen Quellen
Paper from responsible sources
FSC® C105338

Printed by Books on Demand GmbH, Norderstedt / Germany